職人提案！超質感皮革小物

.URUKUST／著　陳佩君／譯

.URUKUST

自己動手做

.URUKUST負責人　土平 恭榮

我與皮革工藝相遇的契機是在13歲時，加入了學校的手工皮件社團。我們用美工刀裁切皮革、組裝，用木槌和工具打洞、縫製。我猶記得當時自己對這些不同於一般布料裁縫的工序感到很新鮮。此外，我有時也會做做衣服，或是利用週末的閒暇時間製作桌子，對我來說，自己動手做想要的東西是再平常不過的事了。就像以前的母親會為孩子打毛衣、做衣服，裁縫屬於日常的家事之一，「這件衣服的剪裁很好看」、「這個布料的質地很不錯」，這些不過是稀鬆平常的對話。我認為正因為是自己動手做，所以才懂得其他物品的好，進而衍生出更濃厚的興趣。

本書盡可能使用容易上手的工具和簡單的構造、工序製作，讓初次嘗試的人也能輕鬆完成作品。透過本書，即使只增加一位願意嘗試看看的朋友，有朝一日能夠讓手作成為日常，我都會感到欣喜無比。

CONTENTS

ITEMS

票卡夾A、B、C 06 CARD CASE A,B,C
iPad保護套、觸控筆套 08 iPad SLEEVE & PEN SLEEVE
零錢包A、票卡夾D 10 COIN CASE A & CARD CASE D
眼鏡盒 12 GLASSES CASE
手拿包、隨身包A、B 14 CLUTCH BAG & POUCH A, B
長皮夾 18 LONG WALLET
兩折式皮夾、零錢包B 20 BIFOLD WALLET & COIN CASE B
隨身包C、D 22 POUCH C,D
筆袋、隨身包E 24 PEN CASE & POUCH E
肩背包 26 SHOULDER BAG
工具盒 28 TOOL BOX
工具袋、針套 29 SMALL TOOL CASE
單肩包 30 ONE SHOULDER BAG
托特包 31 TOTE BAG

COLUMN

關於皮革、關於工具 16

本書使用的工具、皮革、副材 32

BASIC LESSON

製作皮革小物的基本技巧 34

POINT LESSON

重點教學 46

HOW TO MAKE 49

票卡夾A、B、C

3款利用2種不同組件縫製而成的票卡夾。
放在口袋也不占空間，輕巧的尺寸令人愛不釋手。亦可當作證件夾使用。

HOW TO MAKE • page 50 51 52

iPad保護套、觸控筆套

隨身攜帶的iPad有皮革保護套就能安心了。外側有口袋可放筆記本等物品。
同款式的筆套用來收納觸控筆也很方便。

ITEMS • iPad SLEEVE & PEN SLEEVE

HOW TO MAKE • page 56 57

零錢包A、票卡夾D

大容量、好開闔，看得見內容物的設計。
零錢包的特色是側面的凹摺線分開，票卡夾則是縫合。

HOW TO MAKE — page 58 60

眼鏡盒

和p.10是相同的款式。打開時可以看到縫線是設計重點。
為了防止裡面的眼鏡歪掉，內附有同款皮革製成的眼鏡架。

HOW TO MAKE • page 62

手拿包、隨身包A、B

稍微外出時很方便的手拿包，以皮革製的流蘇作為點綴。
成套的隨身包也繫上小巧的流蘇。

ITEMS — CLUTCH BAG & POUCH A, B

HOW TO MAKE — page 64 66

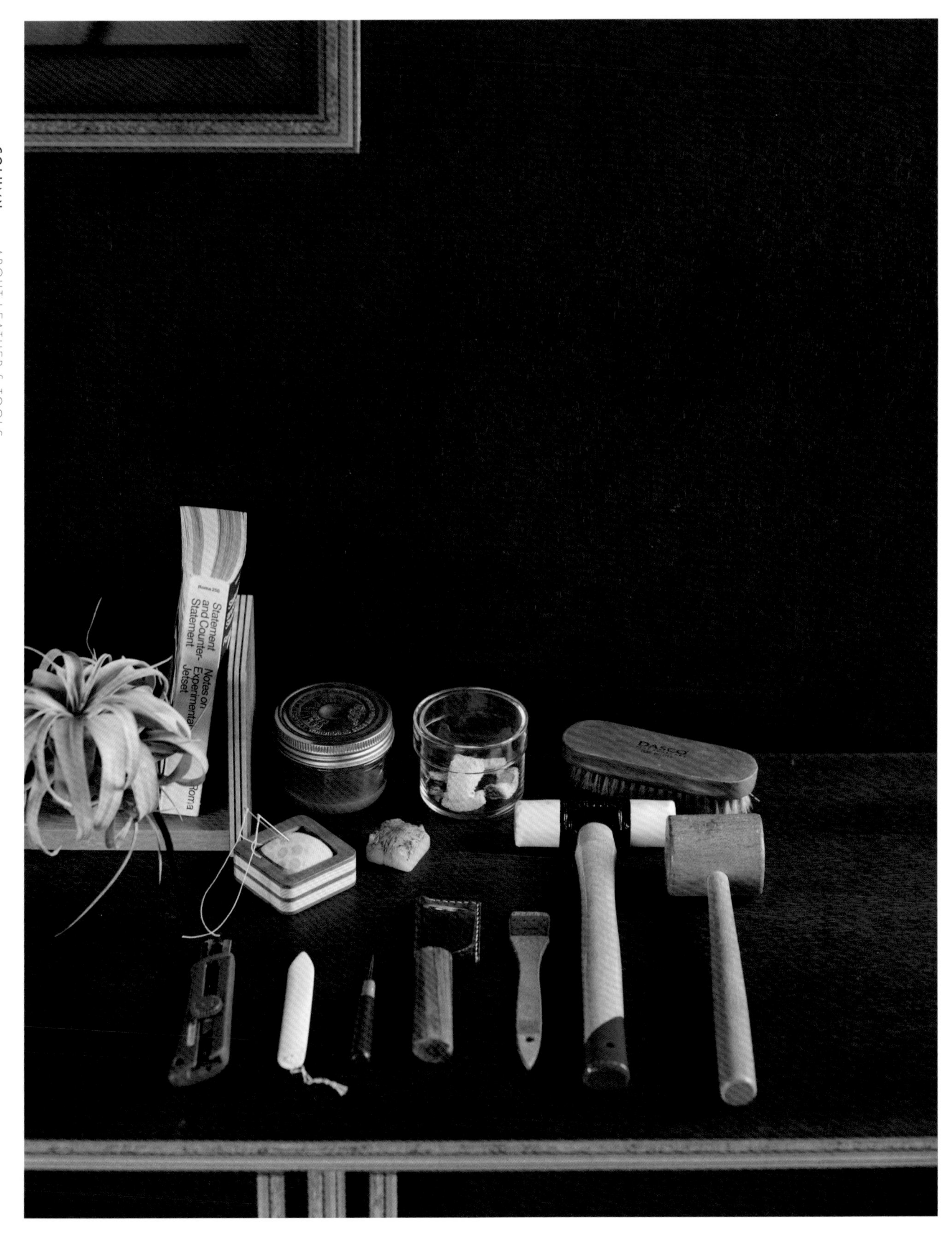
Statement
and Counter-
Statement
DASCO

關於皮革、關於工具

如果是自己動手做皮件的話，我總是建議使用優質的材料。由於皮革的價格不斐，因此可能有很多人會害怕失敗而猶豫要不要買好的皮革，不過既然特地花時間、工夫來做，還是希望能夠長久使用，而且用優質材料來製作的話，就算做工不夠精細，看起來依然很有質感。皮革可大致分成「植物單寧酸鞣革」和「鉻鞣革」兩大類，即使是同一種皮革，依鞣法的不同，呈現出來的風味也大異其趣。使用化學藥劑的鉻鞣革就算經過長期使用，也難以產生歲月感；而利用植物萃取出的成分鞣製的植物單寧酸鞣革則很耐用，愈用愈有光澤，愈使用愈順手。雖然價格比較高，但若想感受皮革的獨特風味，建議購買植物單寧酸鞣製的皮革。一開始請先用零碎的皮革練習，希望最終你能用優質的皮革完成作品。

至於工具，我反而建議先從容易購買的用具開始買起。只要習慣皮革裁刀後，就會覺得很好用，但其實美工刀也能裁切皮革。帥氣的工具固然迷人，不過還是先從最基本的工具開始吧！實際做過幾個皮件後，工具自然就會陸續增加。

長皮夾

以原子釦開闔的簡約造型。裡面可放入收納卡片和零錢的活動式夾層。
容易製作、容易使用，是非常方便的生活皮件。

HOW TO MAKE • page 53

兩折式皮夾、零錢包B

皮夾的零錢包是可拆式。皮夾和零錢包刻意使用不同顏色的皮革也很好看。
皮夾、零錢包都可單獨使用。零錢包也能收納卡片。

HOW TO MAKE • page 75 77

隨身包C、D

不管有幾個隨身包都不嫌多，它可說是旅行的良伴。
可以放護照、門票或充電用的電線等小物，方便又實用。

HOW TO MAKE •— • page 68 70

W. C. JOHNSON
Stoke on Trent
Stafford
Wolverhampton
Walsall
Dudley
Nuneaton
Birmingham
Coventry
Kidderminster
Warwick
Worcester
Rugby

筆袋、隨身包E

筆、尺等容易散落的物品全集中在一起。筆袋和隨身包的口袋是同款式的設計。
袋體和蓋子採用撞色搭配，時尚度大大加分。

HOW TO MAKE • page 74 72

肩背包

附口袋、尺寸實用的包包。雖然有不少安裝金屬零件的工序，
但只要有耐心地逐一完成就沒問題。習慣製作小皮件後，來挑戰做包包吧！

HOW TO MAKE • page 81

工具盒

光是想像要放入什麼東西就讓人雀躍不已的方形包。
如果買齊了皮革用的工具，請務必當成工具盒來使用看看。

HOW TO MAKE • page 78

工具袋、針套

菱斬、剪刀、錐子、針這類工具若是掉落，或是和其他東西混在一起的話，相當危險。有專屬的保護套就可以安心了。

HOW TO MAKE → page  80  67

單肩包

這是一款只需縫直線、初學者也能輕鬆製作的包包。
肩背帶不用再縫上提把，將皮繩穿過包體打結即可的款式。

HOW TO MAKE • page 84

托特包

就算是寬闊的大容量包包，
只要以優質的皮革來製作，也能搭配出高雅的氣息。

HOW TO MAKE page 86

TOOLS & LEATHER　本書使用的工具、皮革、副材

工具

1. 手縫用麻線
〈Ramino橋印麻線50g 20/3 特殊上蠟麻線〉
2. 雙面膠帶3mm〈雙面膠帶818標準型 3mm〉
3. 皮革背面處理劑〈TOKONOLE 無色 120g〉
4. 皮革背面處理劑〈TOKONOLE 無色 20g管裝〉
5. 強力膠〈超級強力膠〉
6. 強力膠〈Rubber Glue皮革用黏膠〉
7. 染料〈Roapas Batik皮革用液體染料100g〉
8. 橡膠板〈橡膠板 小15×22×2cm〉
9. 迷你橡膠板
〈迷你橡膠板 長方形5×15×1cm〉
10. 手縫用蠟塊〈手縫線專用蠟〉
11. 針〈手縫針（短）〉
12. 間距規〈皮革用螺旋式間距規〉
13. 銼刀〈NT小銼刀（細目）〉
14. 菱斬〈單孔菱斬4mm〉
15. 菱斬〈雙孔菱斬4mm〉
16. 菱斬〈四孔菱斬4mm〉
17. 打磨棒〈皮革打磨棒〉
18. 刮刀〈漿糊刮刀 塑膠（小）〉
19. 木槌〈工藝用木槌〉
20. 金屬打釦台
21. 四合釦工具組〈小no.2〉
22. 固定釦斬（小）7號
23. 圓斬〈各種尺寸〉
24. 錐子〈手工藝用圓錐（S）〉
25. 銀筆〈按壓式 銀筆〉
26. 塑膠板〈（小） 35×27.5cm〉
27. 木工用黏膠
28. 牙籤、棉花棒
29. 剪線刀
30. 美工刀（大）
31. 30cm方眼尺

[購入商店]

1. 2.—— 大戸糸店（可網購）
http://www.ohtoito.com

3.~26.—— SEIWA（可網購）
http://www.seiwa-net.jp/

※ p.32~33購入商店所介紹的是日本的店家，台灣讀者可至相關手工藝材料行或網站購買。

皮革

.URUKUST原創牛皮1.6㎜

OAK（褐色）
（皮邊染料色：Roapas Batik 栗色）

DARK BROWN
（深棕色）
（皮邊染料色：Roapas Batik 深棕色）

BLACK（黑色）
（皮邊染料色：Roapas Batik 黑色）

.URUKUST品牌原創的牛皮。不使用化學藥劑，只用植物萃取出的成分鞣製的植物單寧酸鞣革具有適度的彈性，皮薄卻堅固耐用，不需要加內裡或芯材就能成形。不僅韌性強，而且上了適度的油分，愈使用愈能產生高雅的光澤。

※屬於沒有染透的皮革（中間沒有染色），如果在意皮邊的裁切面會露出白色，可使用染料（Roapas Batik等廠牌）染色。

原色植鞣牛皮1.2㎜

無染色、無塗料的植物單寧酸鞣製牛皮。質地樸素，呈現皮革原有的風味是其魅力。經日曬、上油保養或手上的油脂暈染，顏色會愈來愈深。長期使用，觸感會更柔軟，屬於最能欣賞歲月變化的皮革。

.URUKUST原創半成品牛皮1.6㎜

BASE OAK
（淺褐色）

BASE DARK BROWN
（深棕色）

將.URUKUST品牌的原創牛皮經過初步染色處理的牛皮。因為尚未進行最後加工，所以容易產生斑漬、顏色不均或傷痕等情況，不過和原色植鞣牛皮一樣，屬於愈用愈有風味的皮革。皮質柔軟，由於含有適量的油分，因此能產生高雅的光澤感。

義大利皮革1.6㎜

GREEN（綠色）

BLACK（黑色）

義大利托斯卡尼地區所生產的植物單寧酸鞣製牛皮。特點是紋理細緻，纖維質很扎實。愈使用愈順手且愈有光澤。

KAFU牛皮1.6㎜

可可色

日本最大的皮革產地——姬路的製皮廠，與世界知名皮革產地義大利的製皮廠共同開發出的牛皮。特徵是富含油分的潤澤質感與獨特的色澤。長期使用更顯深度和光澤。

※因色澤獨特，同一片皮革也可能有部分色差。

※所有皮革皆不使用顏料，呈現自然風格，因此個體之間可能會產生色差、皺紋、傷痕等情形。
※皮革尺寸的單位以「DS」表示。1DS為10×10cm。

[購入商店]

（KAFU以外的皮革）——.URUKUST（可網購）http://www.urukust.com
（KAFU 1.6㎜） TAKARA產業
tel: 03-3868-7878 http://www.takara-sangyo.com

副材

1. 極小原子釦〈黃銅原子釦 極小5㎜〉
2. 中原子釦〈黃銅原子釦 中7㎜〉
3. 活動鉤〈黃銅按壓式活動鉤10㎜〉
4. 小固定釦〈黃銅固定釦 雙面鉚釘小固定釦〉
5. 四合釦〈黃銅四合釦No.2（小）〉
6. 圓環〈黃銅圓環15㎜〉
7. 皮繩〈圓皮繩φ4㎜（原色）〉
8. 皮繩〈義大利皮繩3㎜（自然色）〉
9. 拉鍊〈3MG DFW 拉鍊（色號＃573）〉

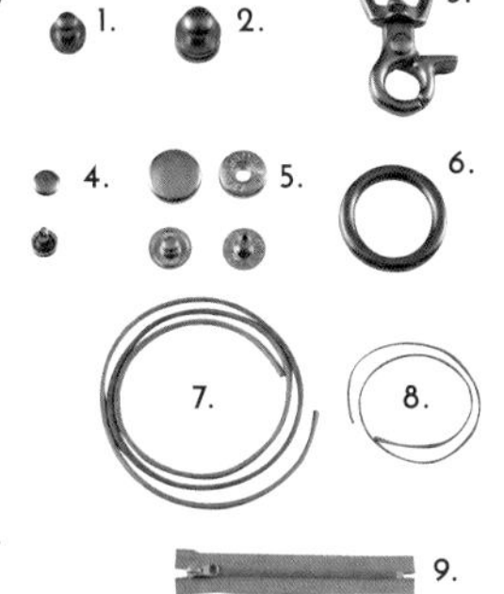

[購入商店]

1.～7.——SEIWA（可網購）http://www.seiwa-net.jp/
8.——TAKARA產業
tel: 03-3868-7878 http://www.takara-sangyo.com
9.——K拉鍊
tel: 03-3861-8871 http://www.k-fasuna.server-shared.com

※訂購方式與到貨日期請直接向店家洽詢。

BASIC LESSON

製作皮革小物的基本技巧

1. 製作紙型

先用厚紙製作紙型，就能準確地描繪在皮革上。厚紙可選用厚紙板、圖畫紙、瓦楞紙等，黏膠則推薦使用口紅膠或噴膠等不會讓紙變皺的種類。

〈這個工序主要使用的工具〉
美工刀、尺、塑膠板

①影印原尺寸紙型或把紙型繪製在描圖紙上，然後貼在厚紙上面。

②使用美工刀沿著紙型的裁切線裁切。直線的地方以尺輔助裁切。

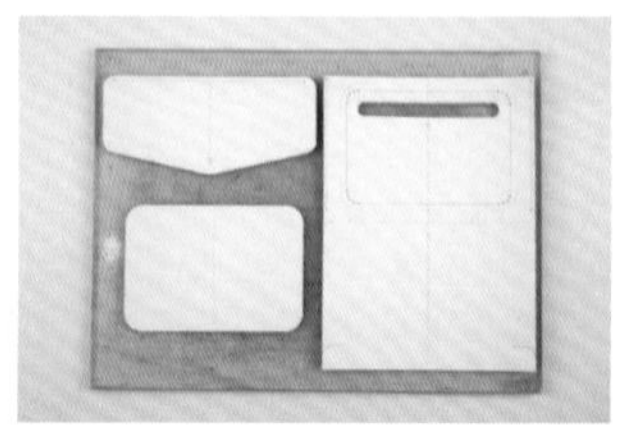

③完成紙型。

2. 皮革的裁切

裁切漂亮的話，成品也會更美觀。先用零碎的皮革練習，直到能照紙型的形狀裁切。

〈這個工序主要使用的工具〉
打磨棒、刮刀、美工刀、木槌、皮革背面處理劑、圓斬、銼刀、錐子、尺、塑膠板、橡膠板

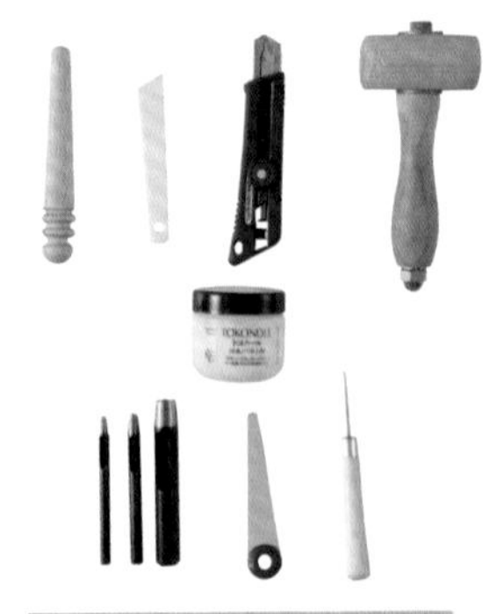

粗裁

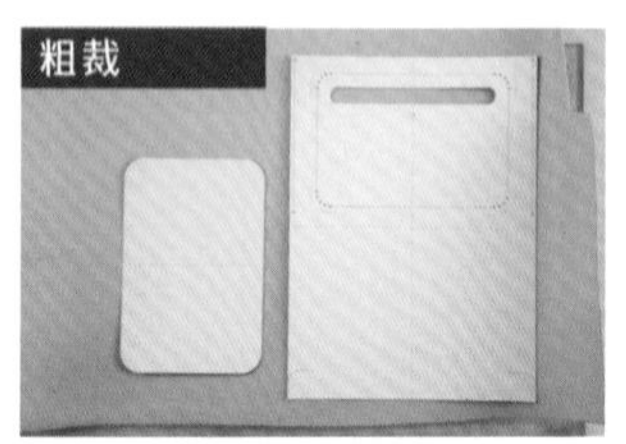

①將紙型放在皮革上。

②把皮革裁切成比紙型大1cm左右。若要在同一張皮革裁切數個小組件時，也可以並排在一起進行粗裁。

③完成所有組件的粗裁。

背面處理

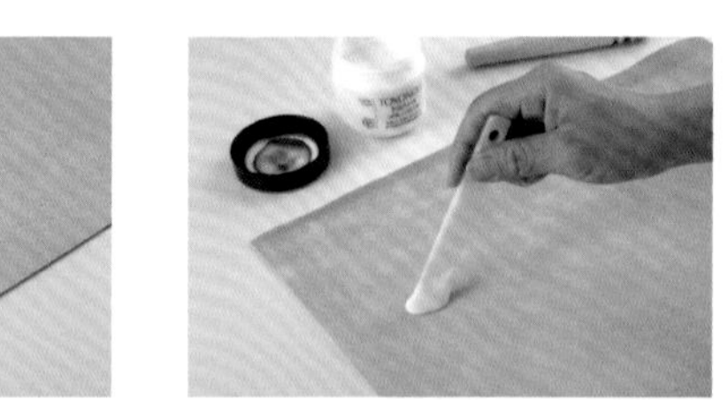

①皮革背面若是粗糙起毛，就要進行背面處理來抑制起毛現象。

②用刮刀挖取背面處理劑，放在皮革上。

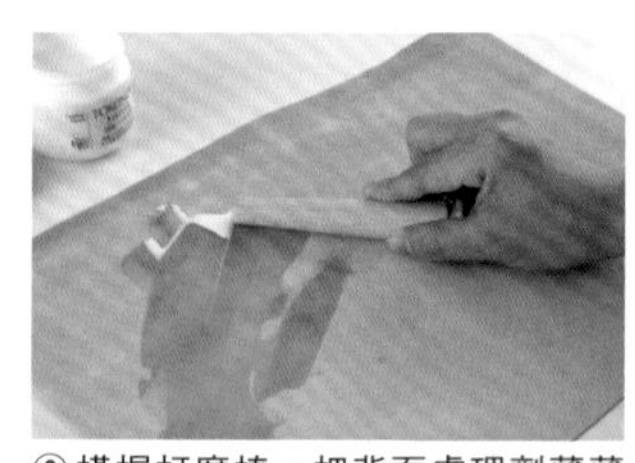

③橫握打磨棒，把背面處理劑薄薄地塗開。

④注意皮革的正面不要沾到背面處理劑，均勻地塗抹至邊緣。

⑤剛塗完時會有顏色不均的現象，乾燥後就會變得不明顯了。

細裁

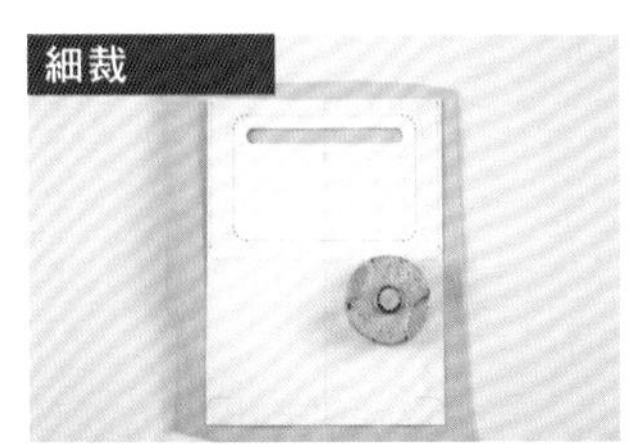

●劃出裁切線
①在皮革的正面放上紙型。可以放一個紙鎮壓住以免滑動。

②用錐子沿著紙型的周圍在皮革上劃出形狀，注意不要劃傷皮革。

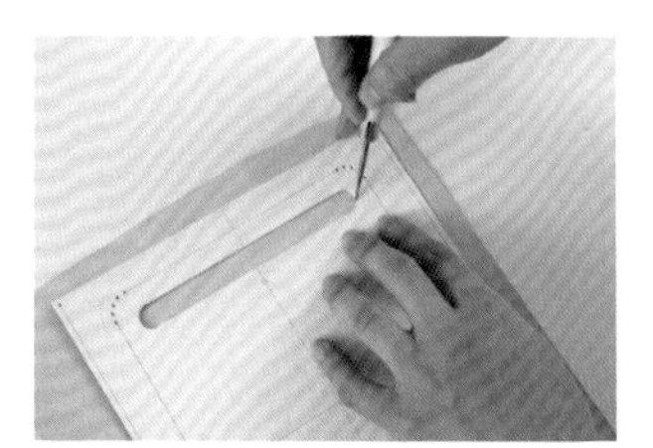

③如果皮革有需要挖空的地方，該部分也以同樣的方法用錐子沿著紙型劃線。

④完成裁切線的繪製。

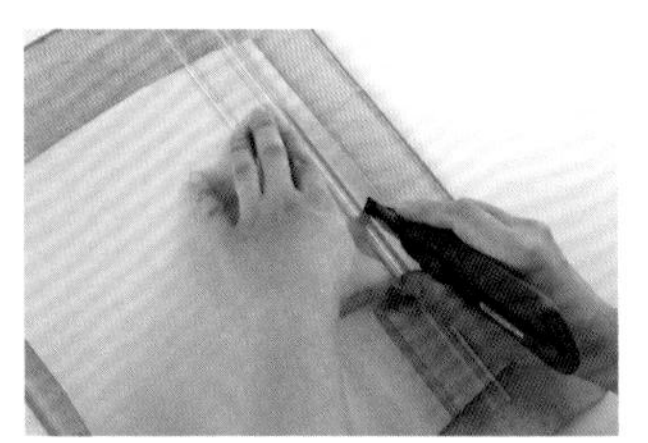

●裁切直線
①用美工刀沿著劃好的線裁切。直線的地方以尺輔助裁切。

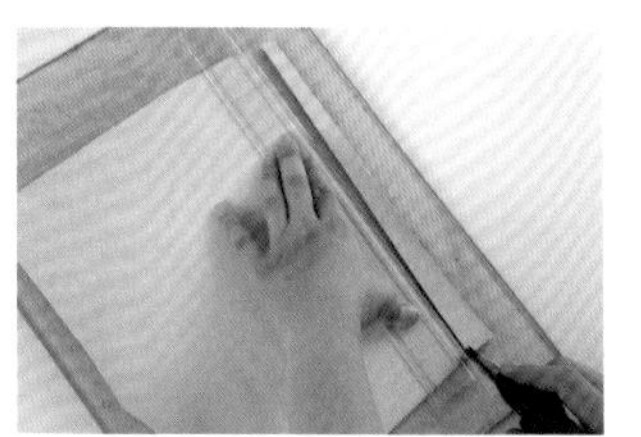

②訣竅是裁切時不要太用力。每次製作作品時，先更換新刀片再進行裁切，不用太出力也能裁得很漂亮。

③完成直線部分的裁切。

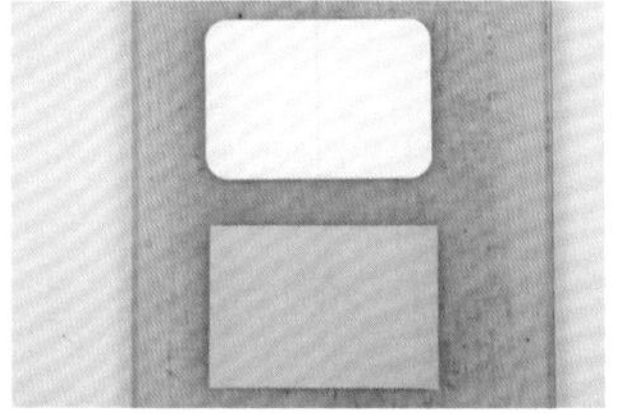

●裁切曲線
①曲線部分先不裁，裁切成直角。

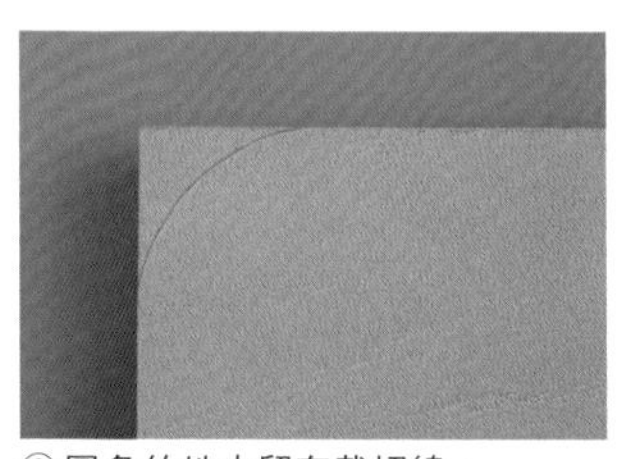

②圓角的地方留有裁切線。

③把紙型和皮革重疊對準，壓住紙型以免滑動。

④用美工刀沿著紙型分次裁切。

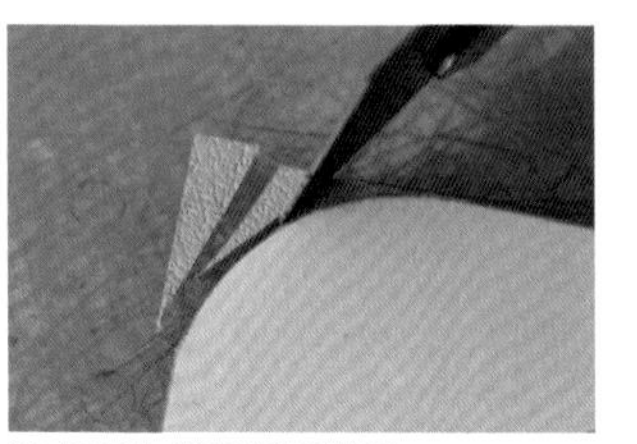

⑤起頭先沿著紙型裁切。

⑥裁切了3次。

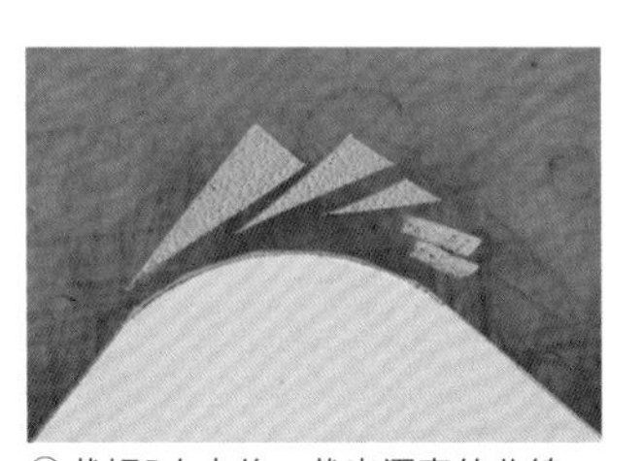

⑦裁切5次之後，裁出漂亮的曲線。

⑧按照紙型裁切所有的曲線部分。

ONE POINT ADVICE

如果無法把曲線裁切得圓滑平整，可以用銼刀輕輕地磨圓。

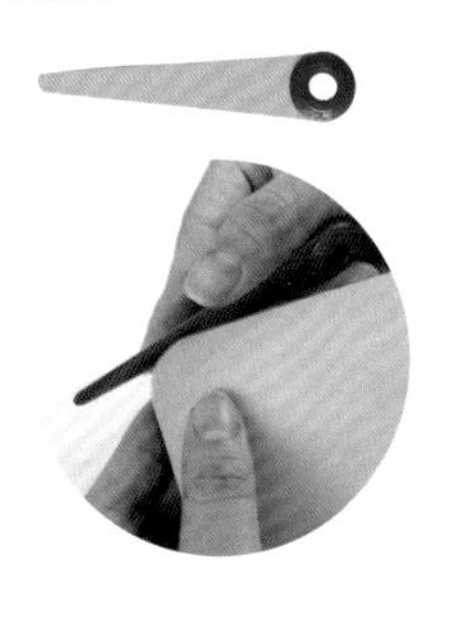

●用圓斬打洞
①這裡以打四合釦用的孔洞為例子說明。在皮革的正面放上紙型，用錐子在打洞處的中心點穿刺小孔。

②同樣在另一個打洞處（此處為公釦〈凸〉與母釦〈凹〉的2個洞）的中心點穿刺小孔。

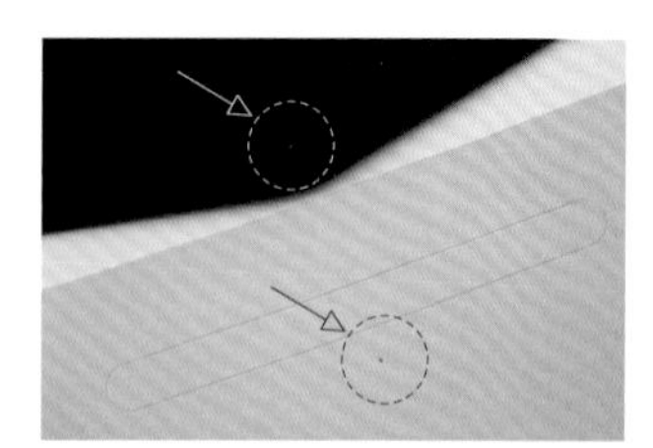

③在要打洞的地方完成穿孔。

④以③穿刺的小孔為基準，用圓斬按壓出痕跡，標示出打洞的位置。

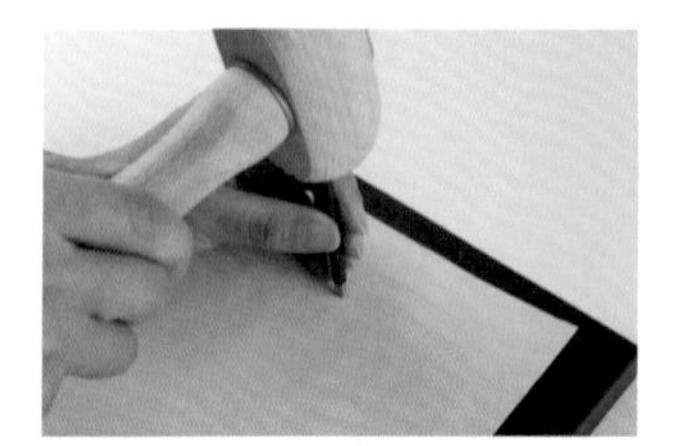

⑤決定好位置後，在皮革底下墊著橡膠板，用木槌敲打圓斬打洞。

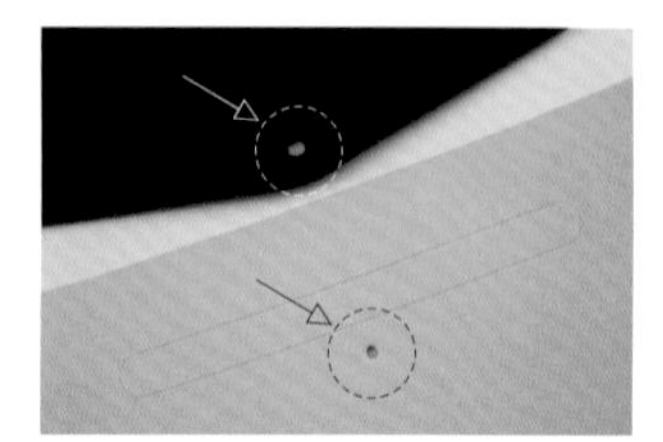

⑥用圓斬完成打洞。

●打原子釦用的洞（有切口的一側）
①依照紙型，用錐子在打洞處的中心點和切口的尾端穿孔，並用圓斬在要打洞的位置按壓出痕跡。

②從切口的尾端劃一條直線到打洞處的中心點。

③在皮革底下墊著橡膠板，用木槌敲打圓斬打洞。

④完成打洞。

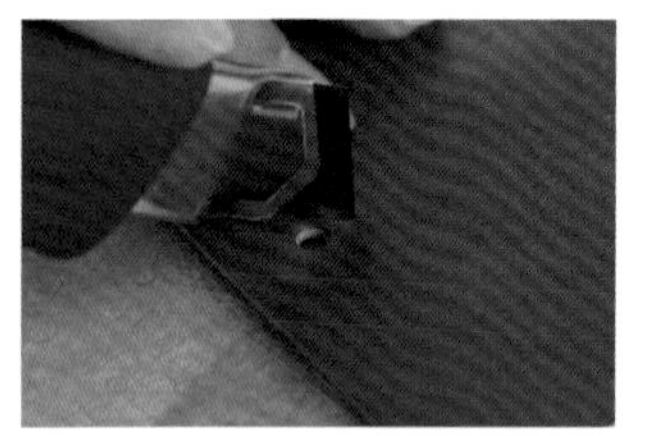

⑤從②劃好的線尾端刺入美工刀的刀刃。

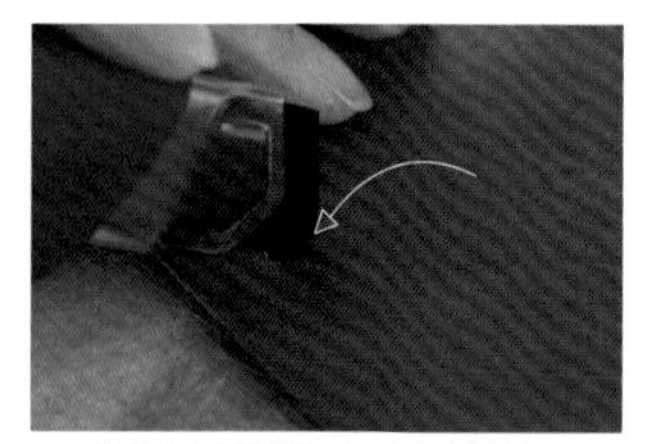

⑥將美工刀往打洞處下壓劃開。

●挖空橢圓形的方法
①依照紙型用錐子劃出橢圓形。在皮革底下墊著橡膠板，選用和橢圓形兩端同樣大小的圓斬來打洞。

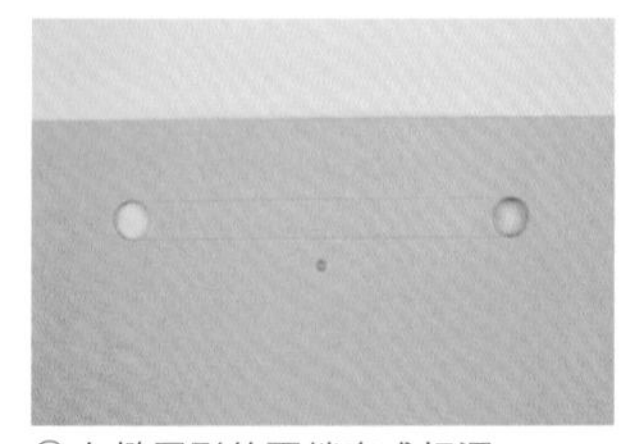

②在橢圓形的兩端完成打洞。

③用美工刀沿著劃好的線切割，連接起兩端的孔洞。

④挖空成橢圓形的孔洞。

3. 做記號、劃線

在皮革的正面做記號、劃線，主要是作為縫線時的依據。而在皮革的背面做記號，大多是為了標示出黏貼的位置。一開始做好全部的記號、劃好線的話，之後的作業就會很順暢。

〈這個工序主要使用的工具〉
錐子、銀筆、間距規、美工刀、尺、塑膠板

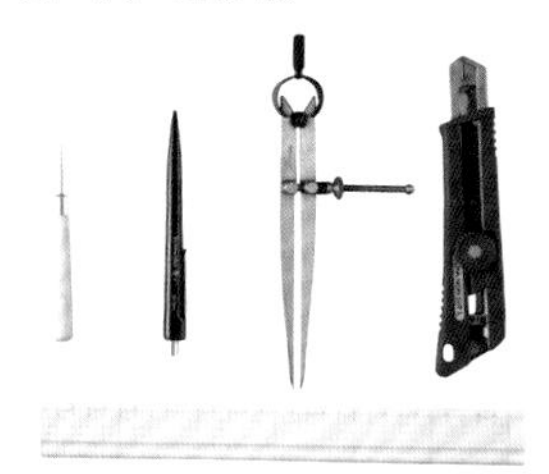

在皮革的正面做記號

●打點
①將皮革的正面朝上。

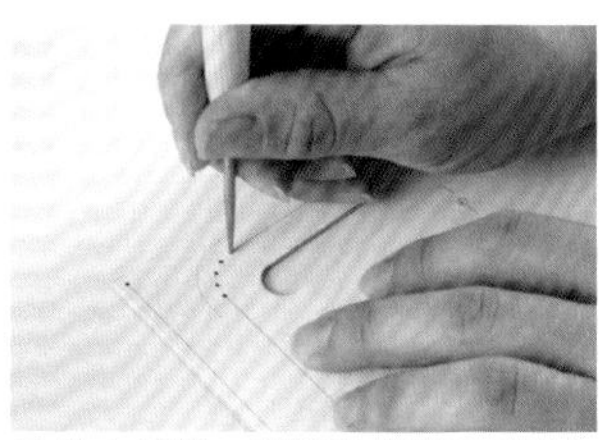

②放上紙型，對準後用錐子同時在紙型和皮革上戳刺打點。

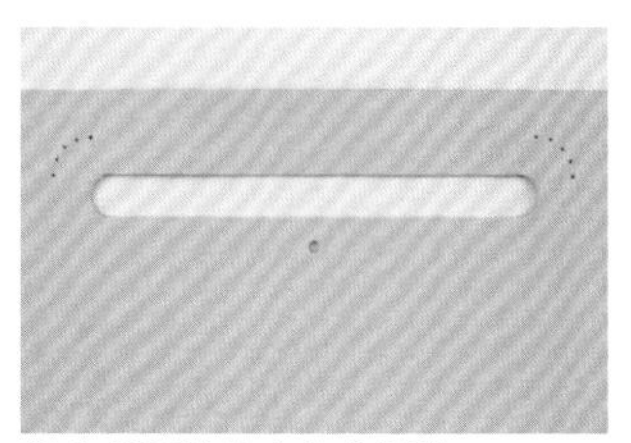

③在必要的地方完成打點。

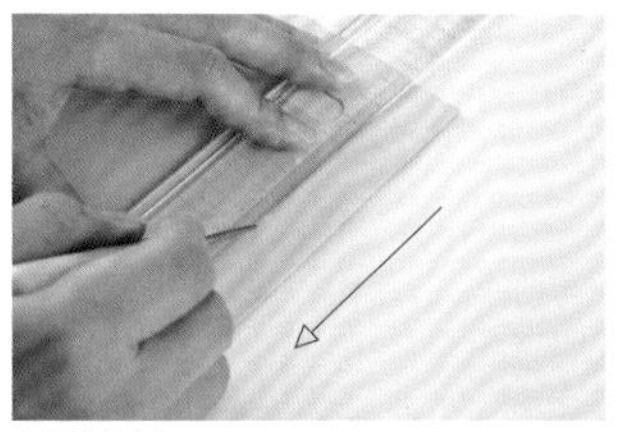

●劃直線
①以尺連接直線的點，並用錐子劃線。

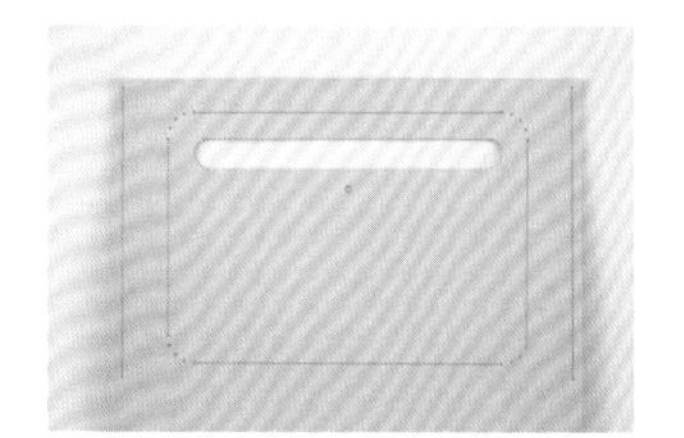

②在必要的地方劃出了直線。

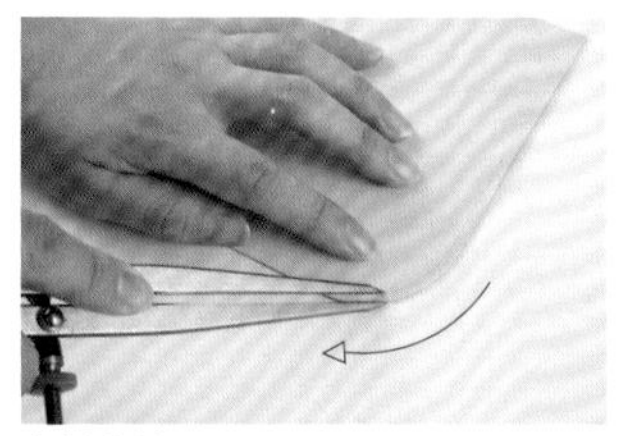

●劃曲線
①以間距規連接曲線的點，並沿著皮革的邊緣劃線。

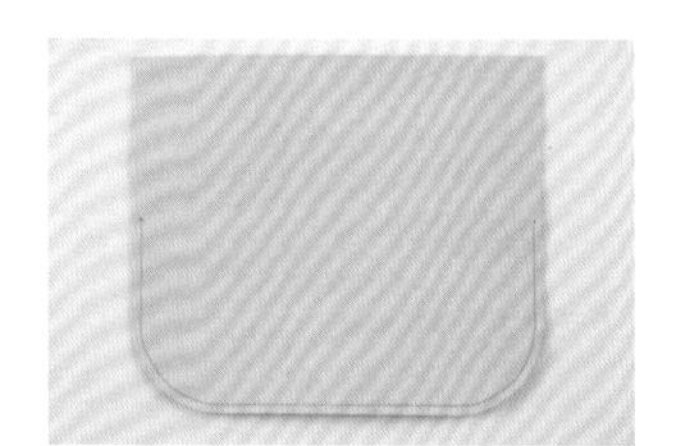

②在必要的地方劃出了曲線。

在皮革的背面做記號

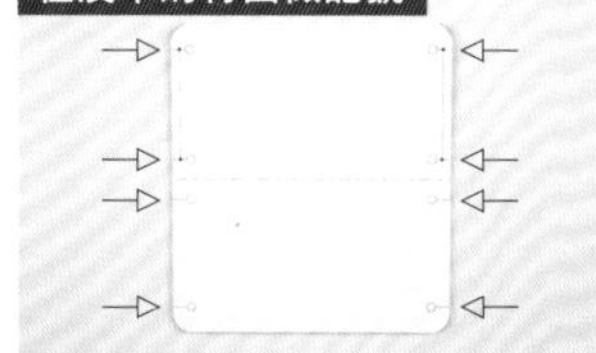

●在皮革的邊緣做記號
①確認要用紙型在皮革背面做記號的位置（記號—○）。這裡要為塗上黏膠的位置做記號。

②先準備紙型。為了在紙型的背面做記號，用錐子從紙型的正面打洞。

③以同樣的方式在所有要做記號的地方打洞。

④從紙型背面打好洞的地方往外劃線。至此完成紙型的準備。

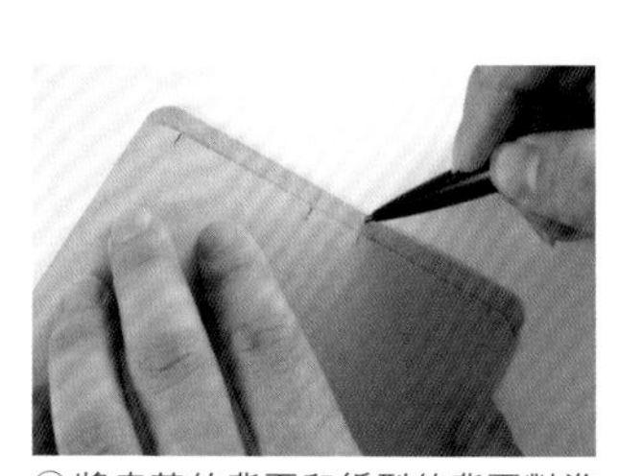

⑤將皮革的背面和紙型的背面對準後，稍微錯開，並用銀筆做記號。

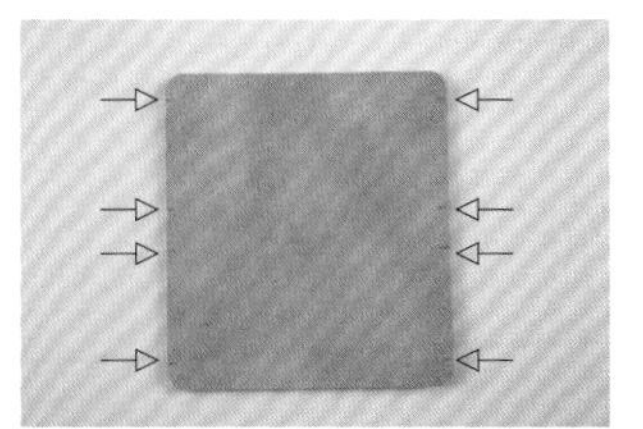

⑥標示好全部的記號。皮革的背面看不清楚錐子劃出的線，所以要用銀筆做記號。

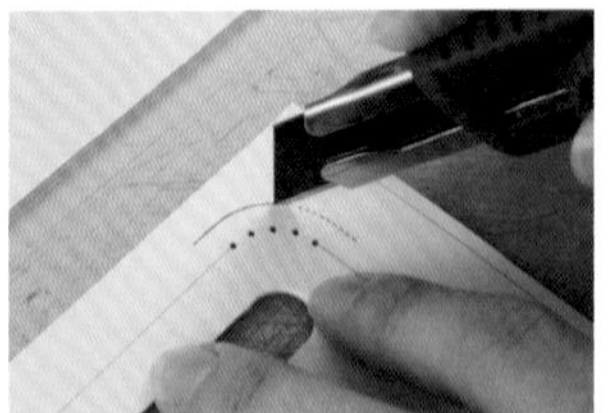

●要做記號的位置不在皮革邊緣時
①如果要做記號的位置不在皮革邊緣時，先用美工刀沿著紙型的標示線切割紙型。

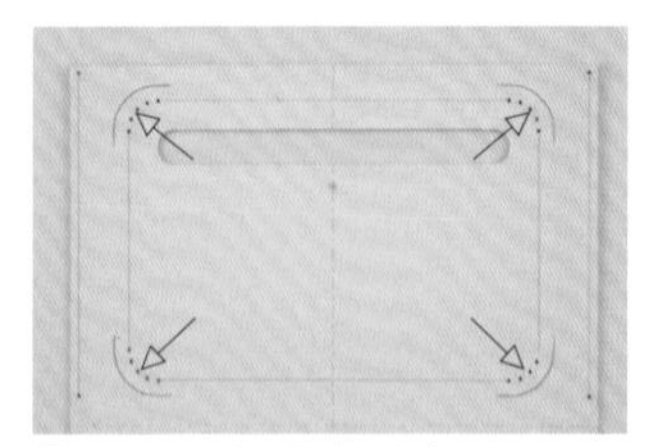

②用美工刀切開4個地方。

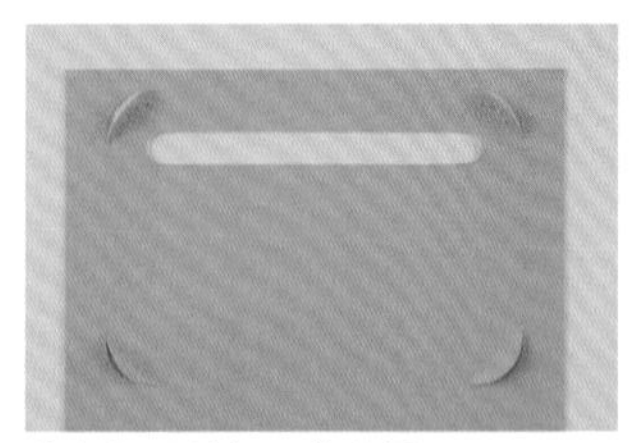

③把切開的部分往後摺。

④將皮革的背面和紙型的背面重疊在一起，用銀筆從③切開的洞做記號。

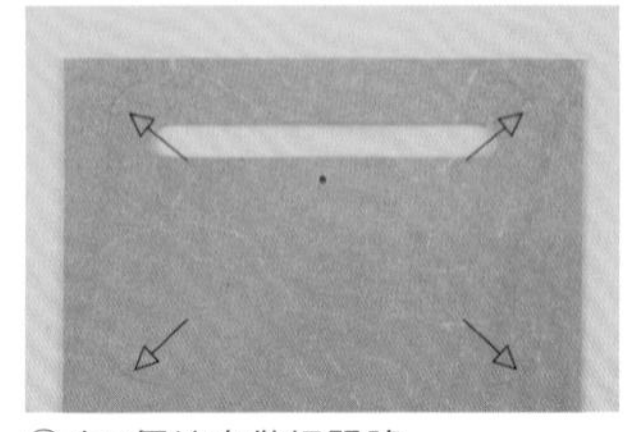

⑤在4個地方做好記號。

4. 染皮邊、打磨皮邊

「皮邊」是指皮革的切口。皮邊處理得好，作品看起來也會更加美觀。

〈這個工序主要使用的工具〉
皮革背面處理劑、牙籤、棉花棒、染料（Roapas Batik等）、錐子、打磨棒、銼刀

染皮邊

①把染料倒在小碗裡，準備好棉花棒、牙籤。棉花棒可包上剪成小塊的絲襪，較不易起毛且更耐用。

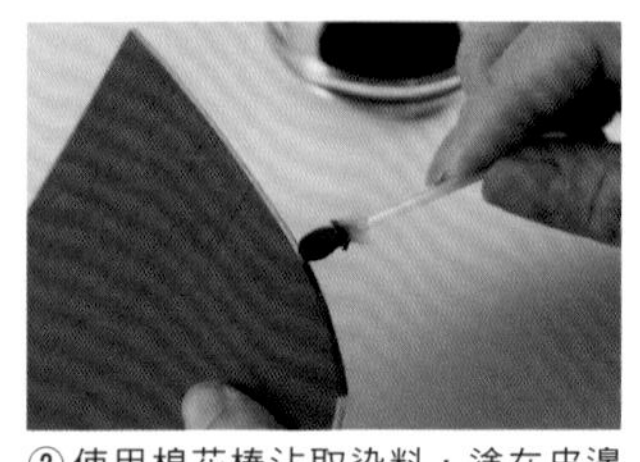

②使用棉花棒沾取染料，塗在皮邊上。

③皮邊完成染色。染料乾掉後顏色會更均勻。

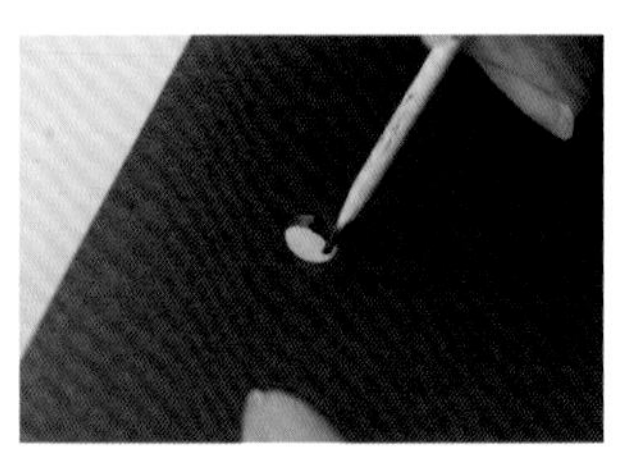

④棉花棒伸不進的細微處，就用牙籤塗抹染料。

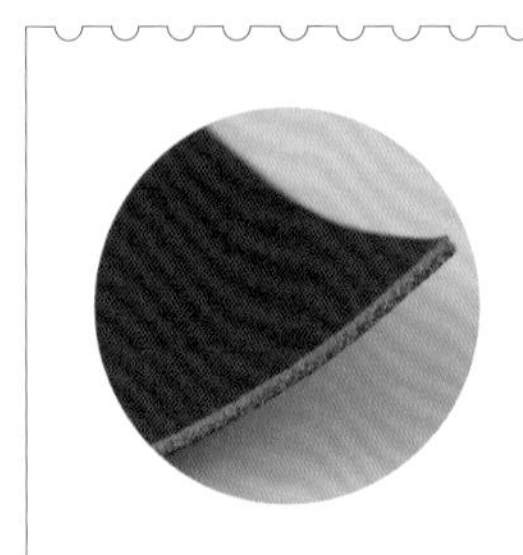

ONE POINT ADVICE

如果使用沒有染透的皮革（切口和正面的顏色有差距），建議把皮邊染成和皮革一樣的顏色。

打磨皮邊

●用打磨棒磨皮邊
①用手指沾取皮革背面處理劑，塗在皮邊上。

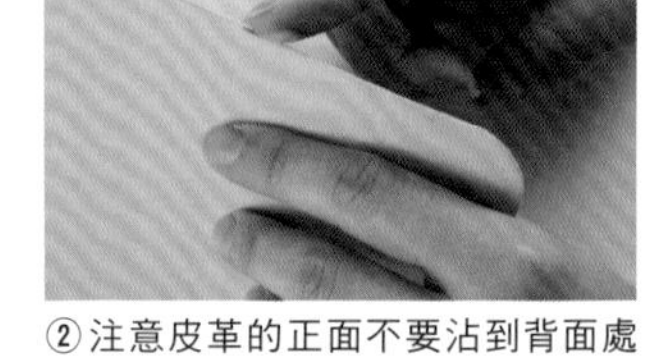

②注意皮革的正面不要沾到背面處理劑，塗勻至看不見泛白的部分為止。若不慎溢出要迅速擦掉。

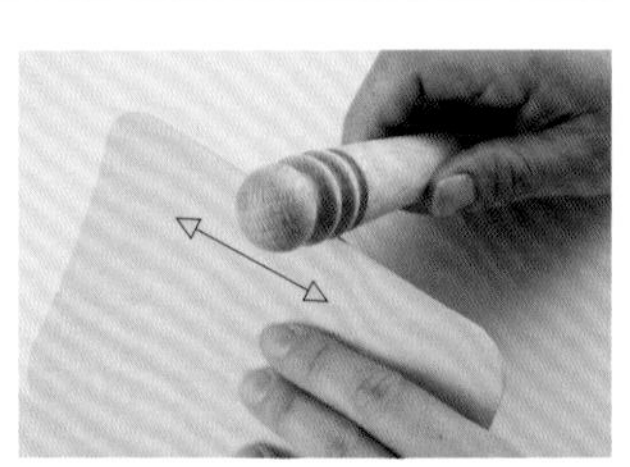

③趁皮革背面處理劑乾掉之前，用打磨棒的溝槽磨皮邊拋光，直到出現光澤為止。打磨時不要出力，輕輕來回摩擦就能磨得很漂亮。

ONE POINT ADVICE

打磨一次覺得光澤不夠的話，可以補塗皮革背面處理劑再次打磨。重複2、3次後，就會變得更美觀。

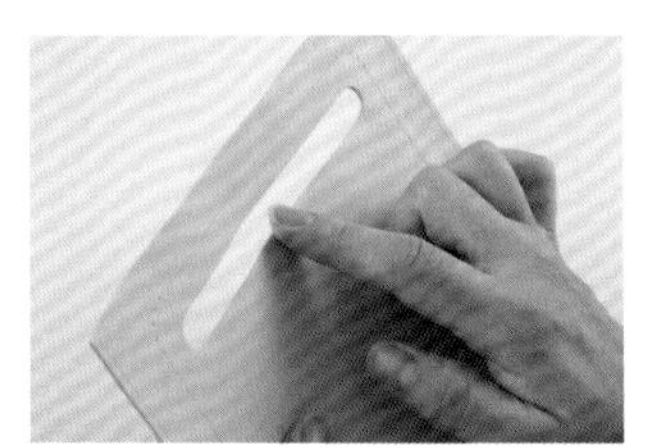

●用錐子打磨

①打磨棒伸不進的細微處也用手指塗皮革背面處理劑，要避免溢出。

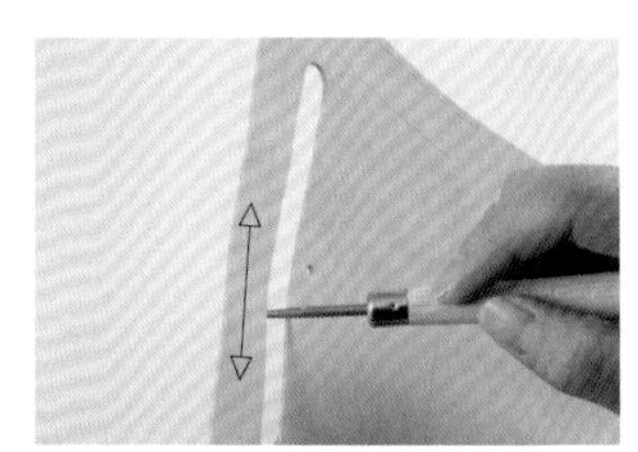

②用錐子來回摩擦。

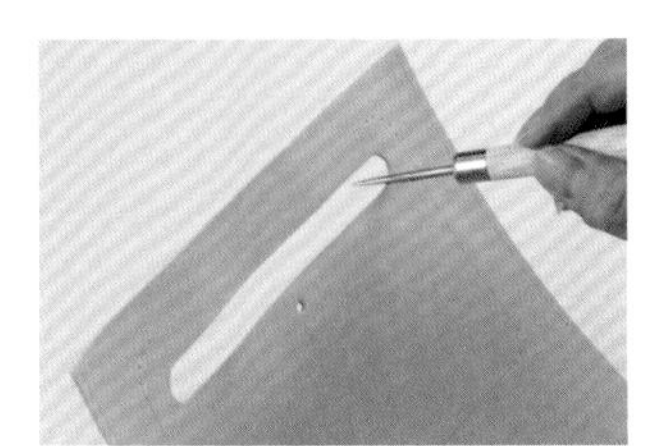

③邊緣的圓弧處也用錐子磨一磨。

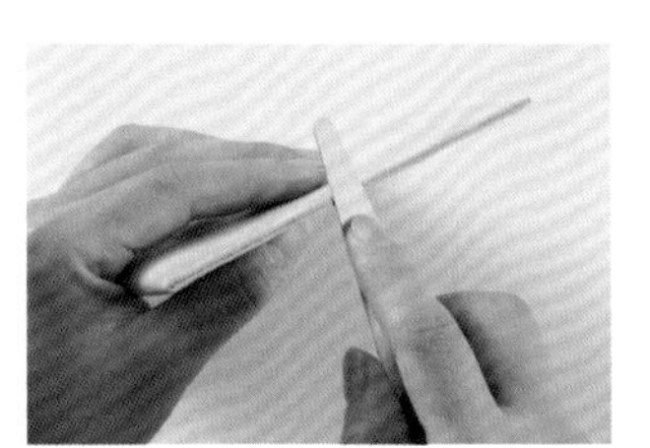

●縫好後再打磨

①皮件也可以縫合後再打磨。如果皮邊很粗糙的話，可以先用剉刀磨一下。

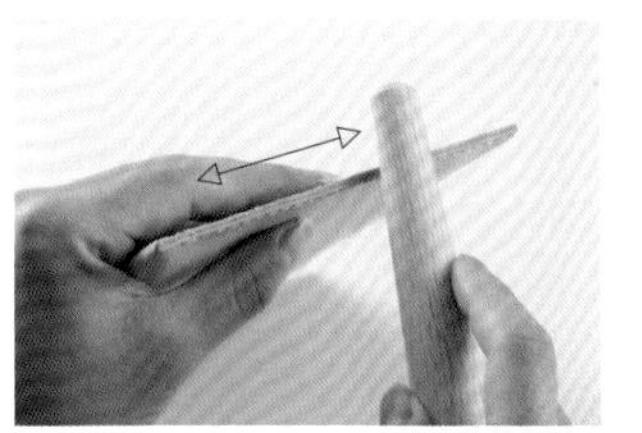

②在皮邊塗上皮革背面處理劑，並用打磨棒的把手部分同時打磨2片皮革。

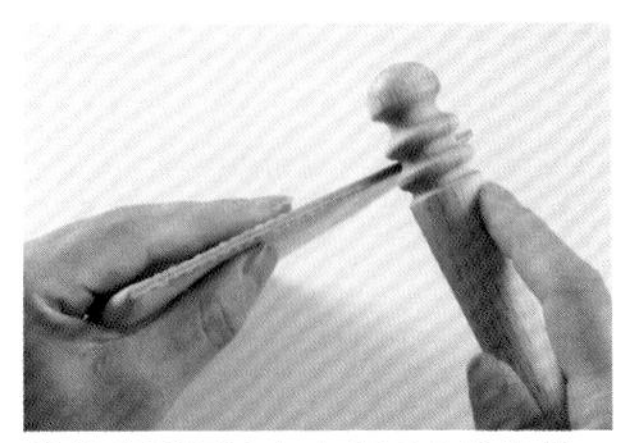

③接著選擇適合皮革厚度的溝槽，把皮革的尖角磨圓。

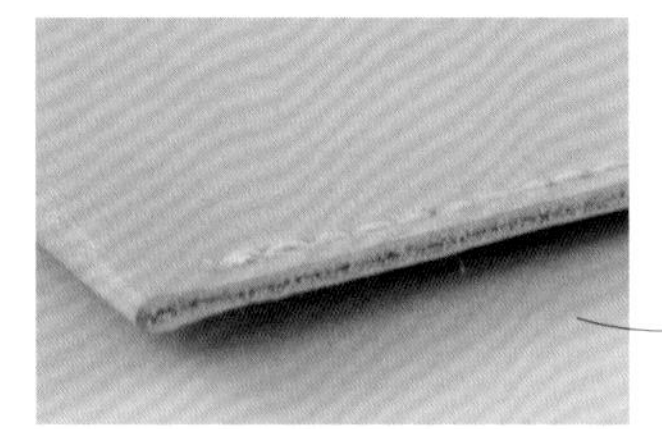

◉ **打磨皮邊前**

◉ **打磨皮邊後**

5. 黏合縫份

皮革在縫合之前，要先把皮革黏合起來，一般是使用強力膠來黏貼。為了讓強力膠更容易沾在皮革上，要先把表面刮粗（起毛）後再黏貼。

〈這個工序主要使用的工具〉
強力膠、刮刀、美工刀、橡膠板

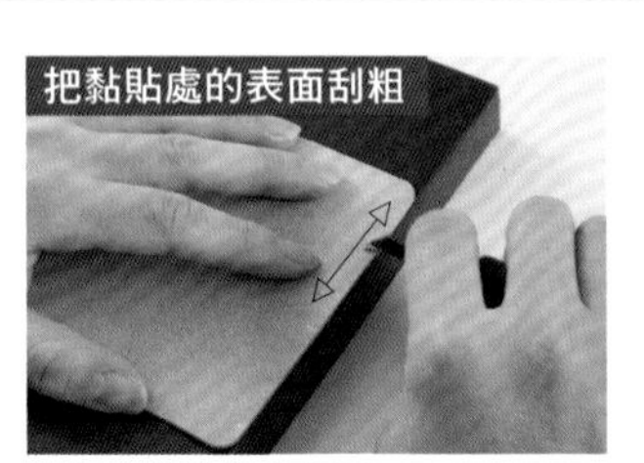

●把皮革的邊緣刮粗

①把皮革邊緣的黏貼處對齊橡膠板的邊緣，水平拿著美工刀輕刮皮革的表面。

②把皮革背面的黏貼處刮粗。

●要刮粗的位置不在皮革邊緣時

①如果要黏貼的位置不在皮革邊緣時，縱向拿著美工刀，用刀刃的上部輕刮皮革的表面。

②把皮革內側的黏貼處刮粗。

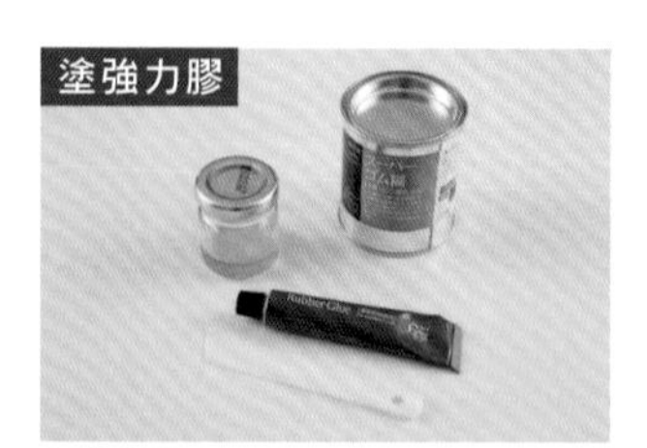

●準備強力膠
因為強力膠一接觸到空氣很快就會乾掉，所以使用軟管強力膠時，最好先裝到小瓶子裡，塗抹時要記得蓋緊蓋子。罐裝強力膠也要避免一直開著。雖然軟管強力膠的黏著效果較強，但罐裝強力膠比較容易使用，請衡量用量並兩相比較後，再選擇要使用哪一種。

●塗抹在黏貼處
①用刮刀的前端沾取少量強力膠。

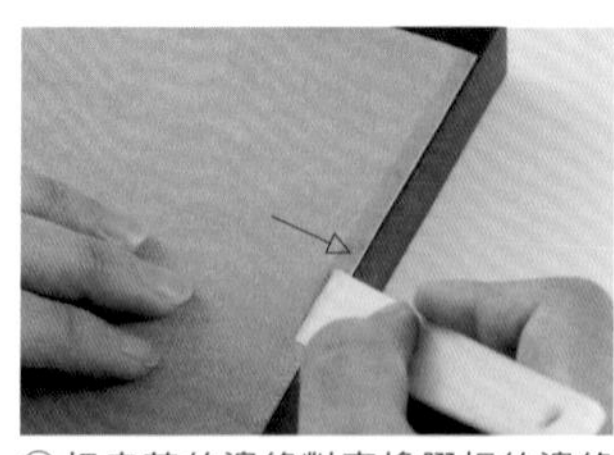

②把皮革的邊緣對齊橡膠板的邊緣後，由內向外薄薄地塗開強力膠。如果塗得不夠薄，貼合時強力膠可能會溢出，請特別留意。

③在要貼合的皮革兩面塗抹上強力膠。

④等稍微乾燥後再貼合。

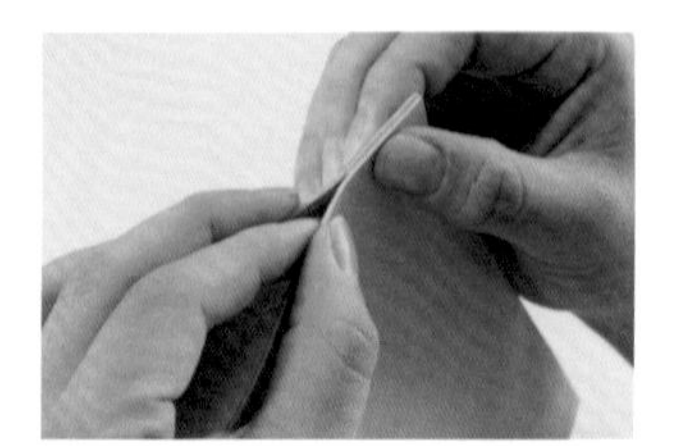

⑤仔細對齊皮革的切口後貼合。

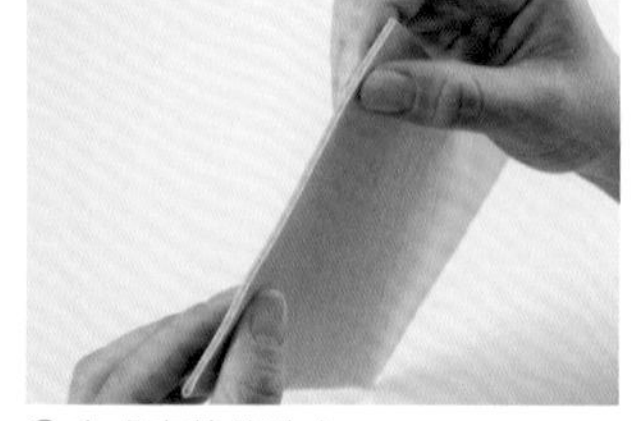

⑥完成皮革的貼合。

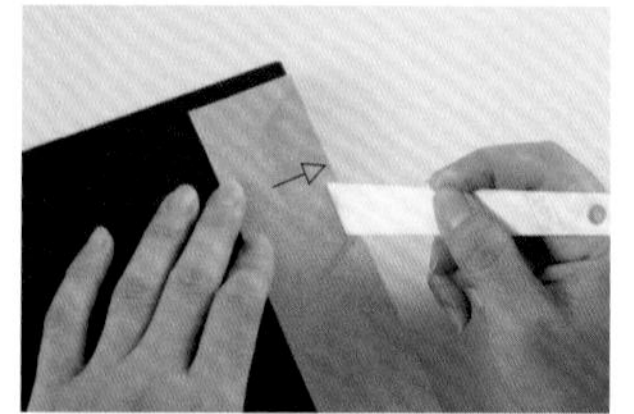

●塗抹整面
①把皮革的邊緣對齊橡膠板的邊緣後，先從中心往外塗開一半。

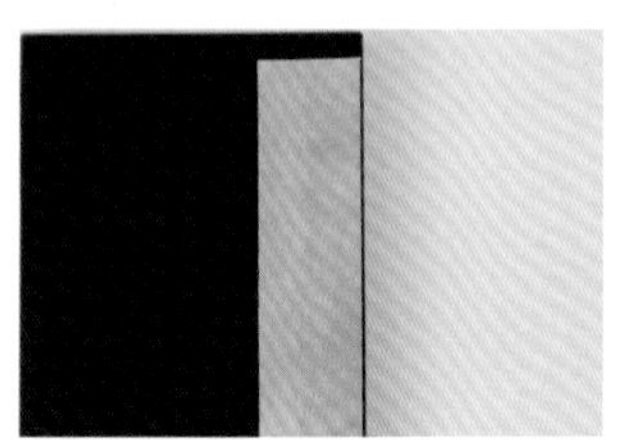

②塗好半邊的皮革。

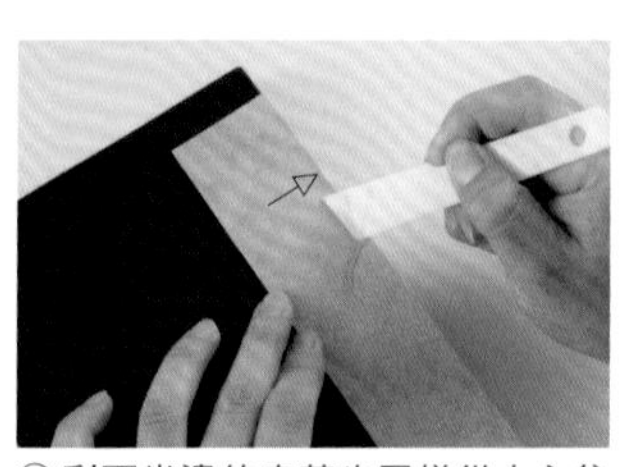

③剩下半邊的皮革也同樣從中心往外塗開。

④整面皮革都塗上了強力膠。

6. 用菱斬打洞

縫製皮革之前要先打洞，好讓線穿過孔洞縫合起來。四孔菱斬主要用來打直線的洞，單孔菱斬用在一次打一個洞的細微處，雙孔菱斬則大多用來打曲線的洞。

〈這個工序主要使用的工具〉
菱斬、木槌、橡膠板

●用四孔菱斬打洞
①在皮革底下墊著橡膠板，把菱斬對準事先用錐子劃好的縫線邊端。

②用木槌從上方敲打菱斬，在皮革上打出孔洞。

③打出了4個洞。

打洞時，注意菱斬要和橡膠板垂直。如果斜斜地打洞，皮革背面的洞口就會歪掉。

④連續打洞時，菱斬的斬齒要與之前的孔洞重疊一孔（菱斬的一齒要對準③打出的最後一個洞）。

⑤打洞時，請確認斬齒是否均等地穿出皮革的背面。如果孔洞太小會不好穿針。

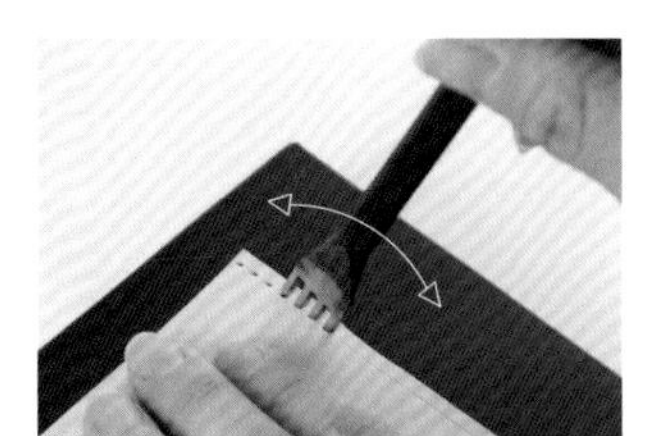

⑥拔除菱斬時，不要直直地往上硬拉，另一隻手扶著皮革，前後搖晃菱斬就能輕鬆拔出。

⑦使用菱斬沿著縫線打出了孔洞。

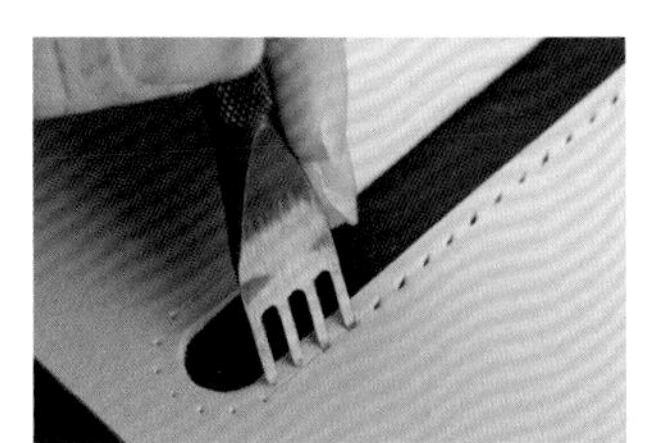

●用單孔菱斬打洞

①當四孔菱斬的斬齒和最後的孔洞不合時，可以改用單孔菱斬逐一對齊打洞。

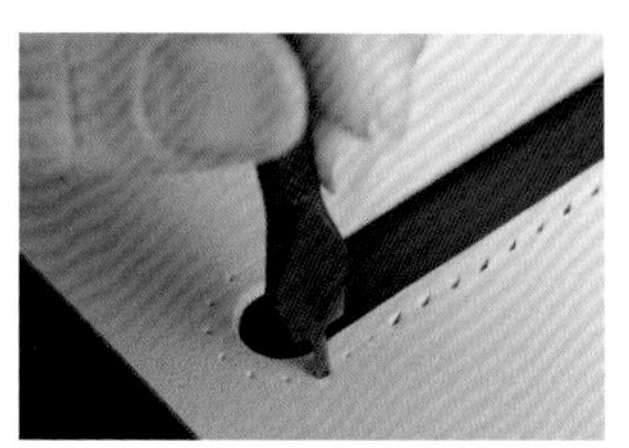

②用錐子在劃好的直線邊端打一個洞。

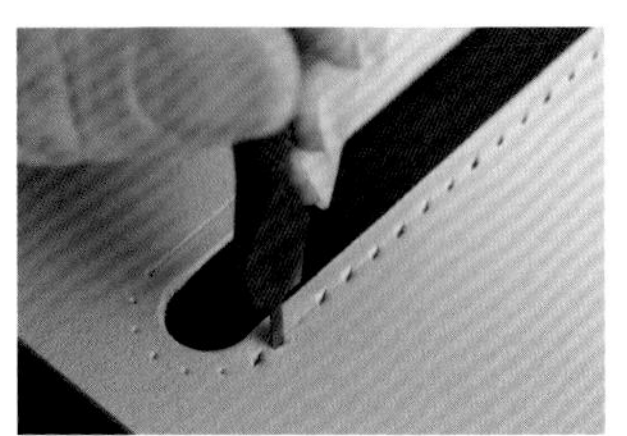

③盡量讓整體保持等距的間隔，輕輕把單孔菱斬對準四孔菱斬打的最後一個洞和②打的洞之間，確認好位置後打洞。

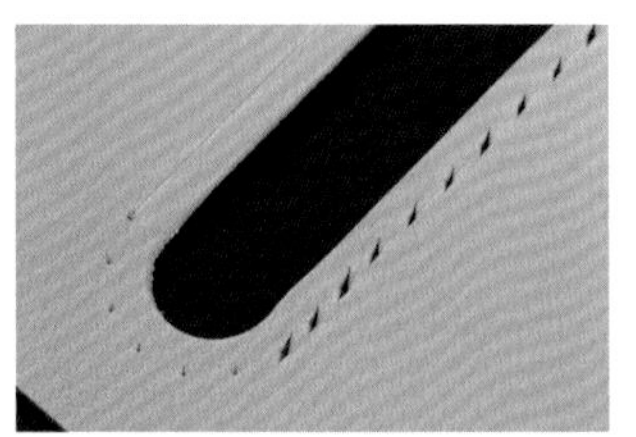

④完成直線部分的打洞作業。孔洞的間隔開始縮短，但看得出有對齊縫線。

⑤如照片所示，按照紙型的標示逐一打洞時，也是使用單孔菱斬。

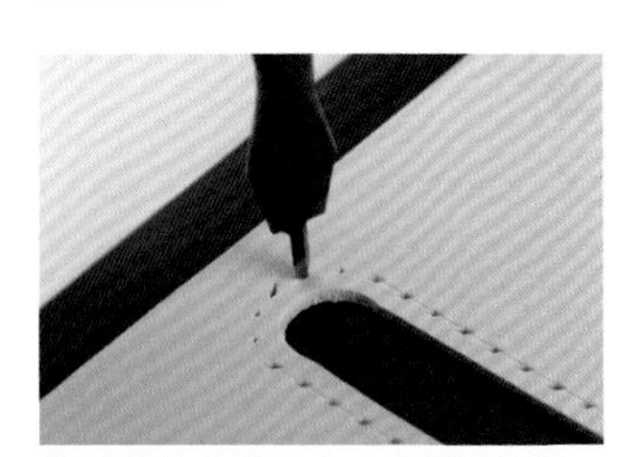

⑥轉彎處先從正中央的記號打洞，再打兩邊的洞。

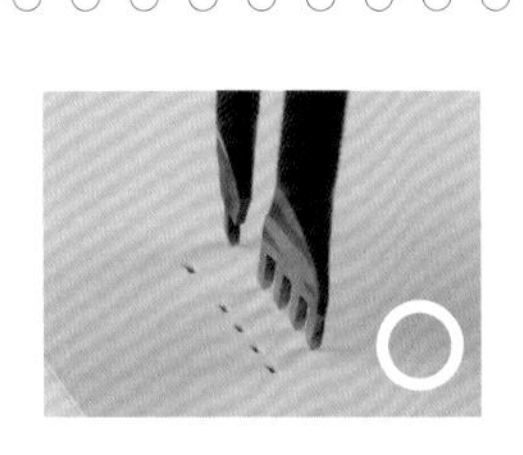

用單孔菱斬打洞時，要注意菱斬的方向。打錯方向的話，洞口的方向就會變得不一致。

⑦參考⑧的照片，注意單孔菱斬的角度進行打洞。

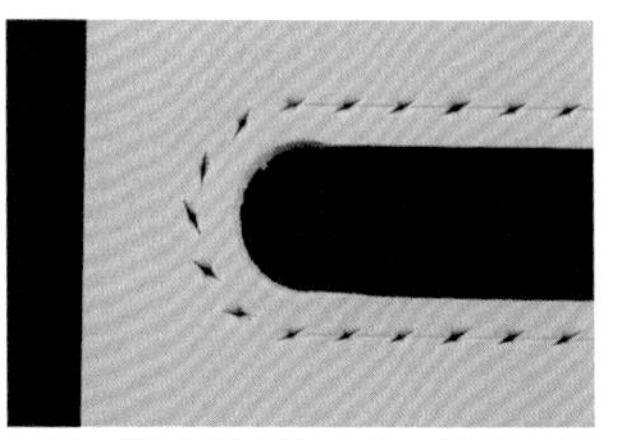

⑧完成所有的打洞作業。菱斬可調整角度，請確認打洞的方向如照片所示。

●用雙孔菱斬打洞

①沿著用間距規劃好的線打洞。

②連續打洞時，菱斬的一齒要與之前的孔洞重疊一孔。

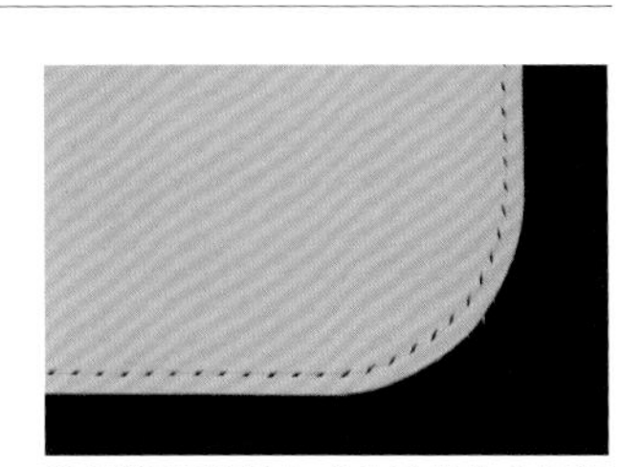

③用雙孔菱斬完成曲線部分的打洞作業。

●**在角落打洞**
①要在皮革的角落打洞時，把菱斬輕輕對準記號的點。

②角落的孔洞不要打2次洞，把菱斬的斬齒對準角落的下一個孔洞記號打洞。

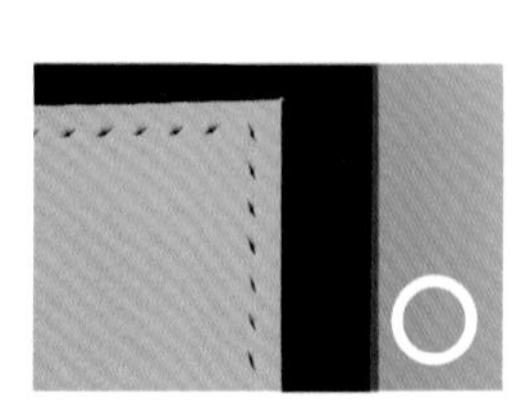

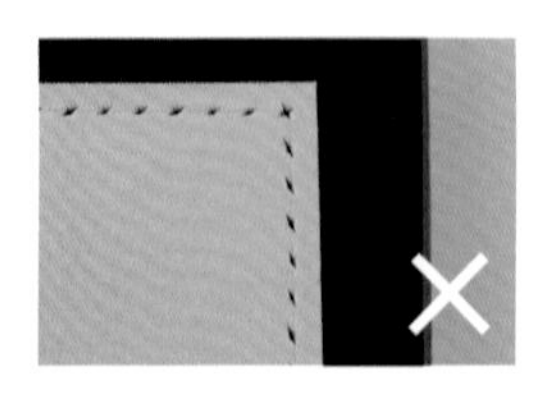

角落若打2次洞，角落的孔洞就會呈現「×」狀，支撐力會變差。採用左圖的打洞法，縫好後外觀也比較漂亮。

7. 縫合

本書中若無特別註明，皆採在同一條線的兩端穿針的「雙針平縫法」。這裡介紹的方法讓初學者也能縫得漂亮。

〈這個工序主要使用的工具〉
手縫用麻線、木工用黏膠、手縫用蠟塊、針、錐子、剪線刀

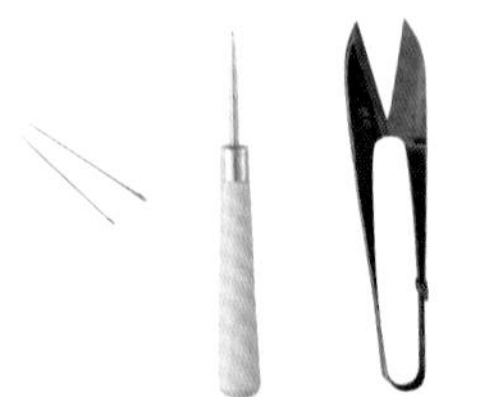

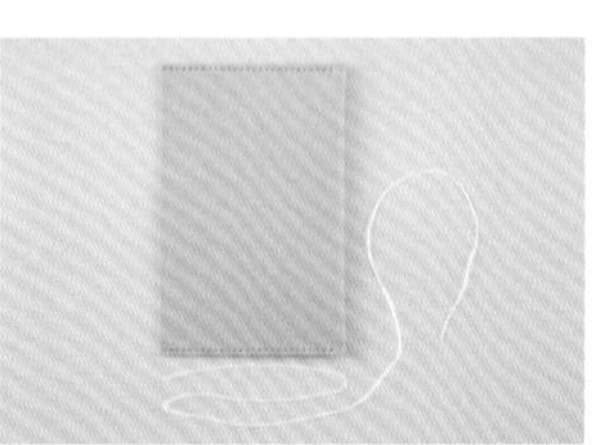

●**準備縫線**
使用中細的麻線。線長以想縫的3倍長度＋30cm為基準。縫製比較厚的皮革時，線可以再更長一些。

●**上蠟**
上蠟的目的是抑制麻線起毛，讓線的觸感更滑順，比較好縫。把麻線靠在蠟塊上，用大拇指的指腹壓住線，另一隻手拉動線。

※本書使用的Ramino橋印麻線皆已上過蠟，但如果還有些許起毛的狀況，可再上個5次蠟左右。如果使用未經上蠟的麻線，就如圖上蠟10～20次。

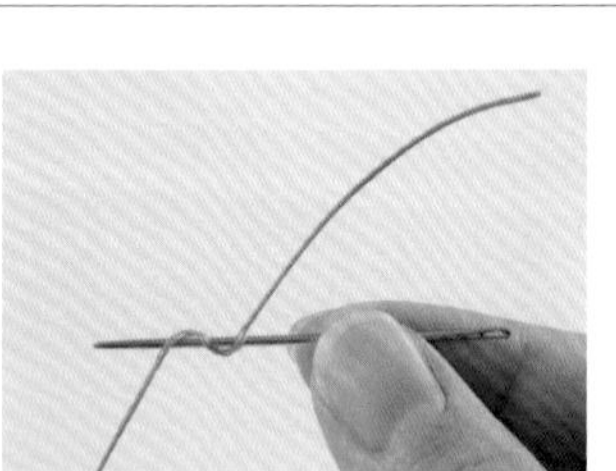

●**縫線穿針的方法**
①拉住線頭到和針差不多的長度之後，用針穿刺線3次。

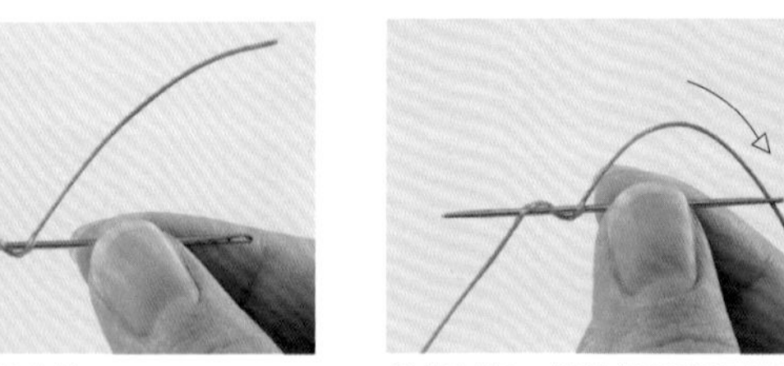

②將較短一端的線頭穿過針孔。

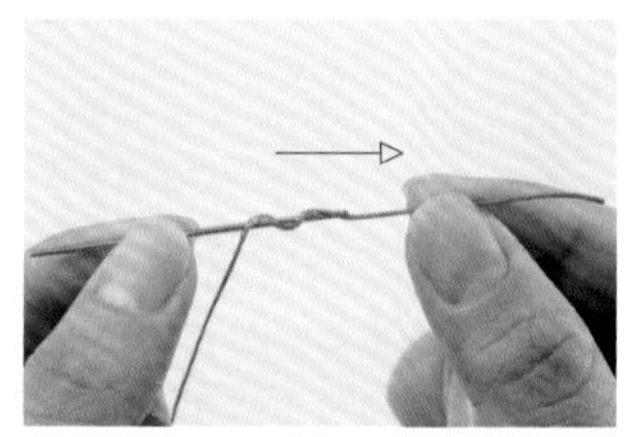

③拉動較短的線頭，把穿刺線3次的地方拉往針孔的方向。

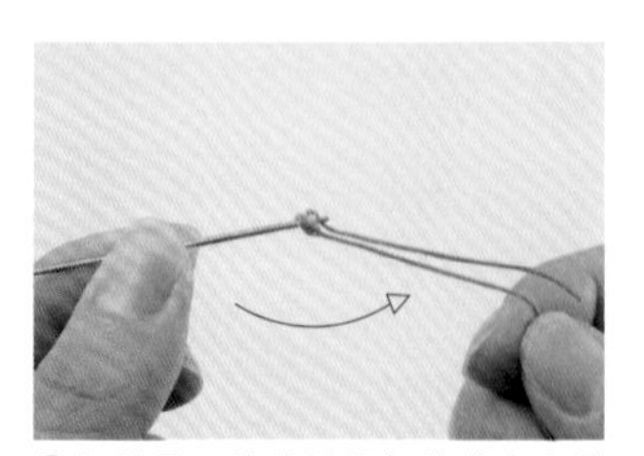

④把較長一端的線往短線的方向拉過去。

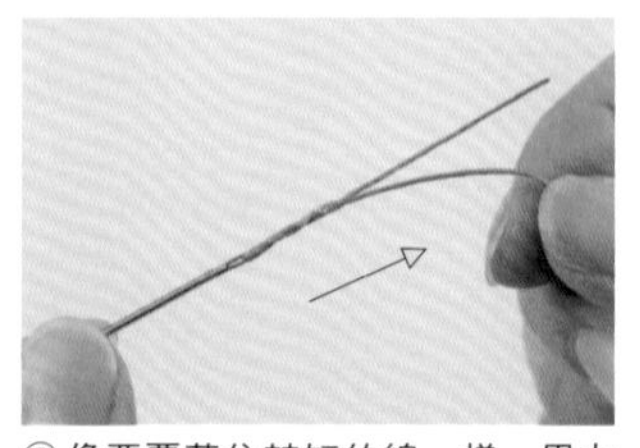

⑤像要覆蓋住較短的線一樣，用力拉較長的線。

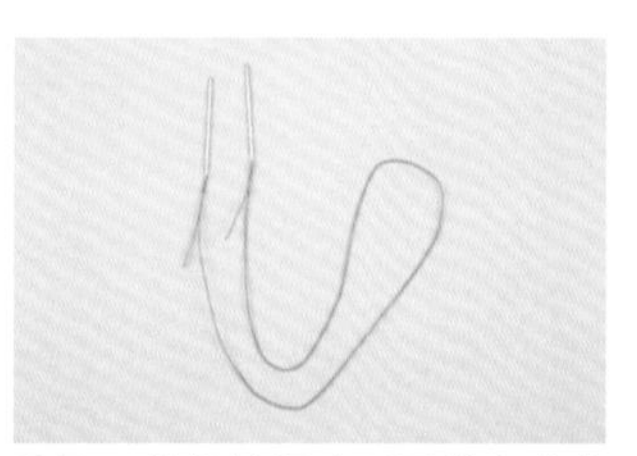

⑥另一端的線頭也以同樣方式穿針。縫線兩端各有1根針，如此便完成縫製前的準備。

ONE POINT ADVICE

縫製時，用膝蓋夾住固定皮革，會更容易縫。

起針

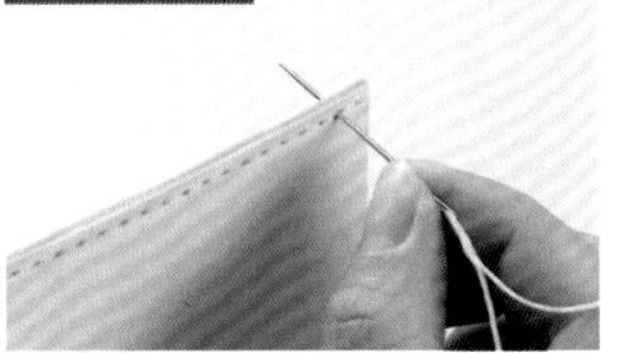

●1針回針縫

①把針穿過邊端算起的第2個孔洞。

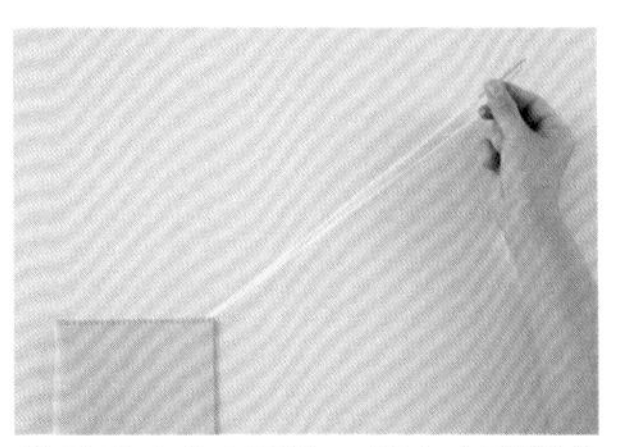

②用手拿住2根針，讓左右兩邊的線等長。

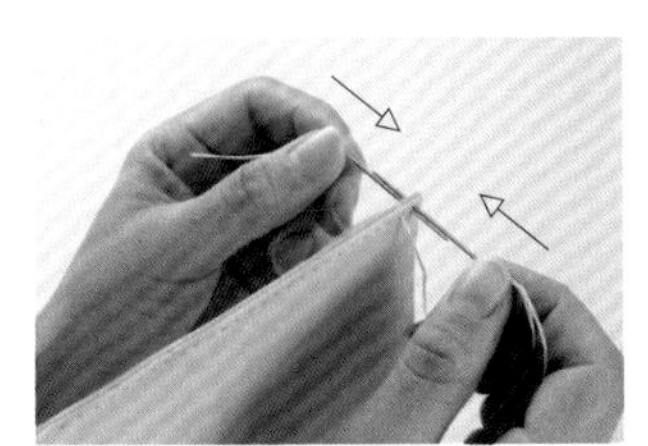

③把針分別從左右穿入最邊端的孔洞裡。即2針一起穿過同一個孔洞的狀態。

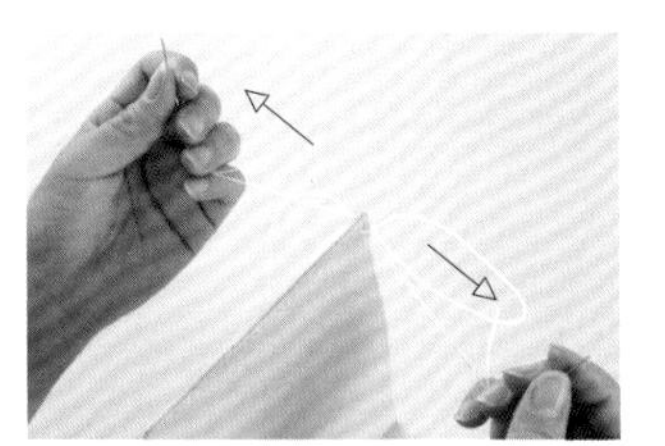

④把針分別穿往反方向拉出。

⑤把線拉緊。

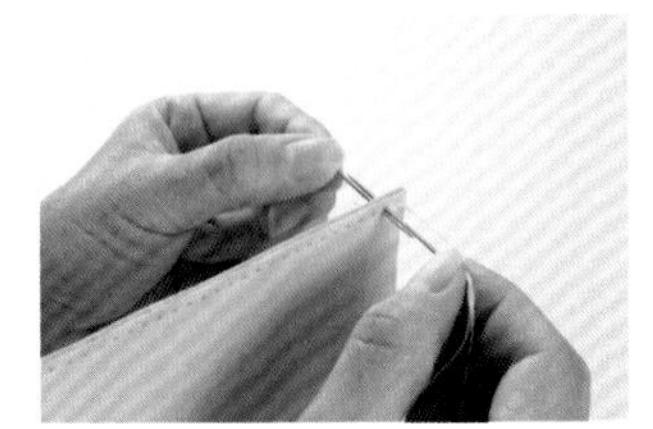

⑥往回縫到邊端算起的第2個孔洞，分別從左右入針。

⑦針穿過孔洞後，把線拉緊。

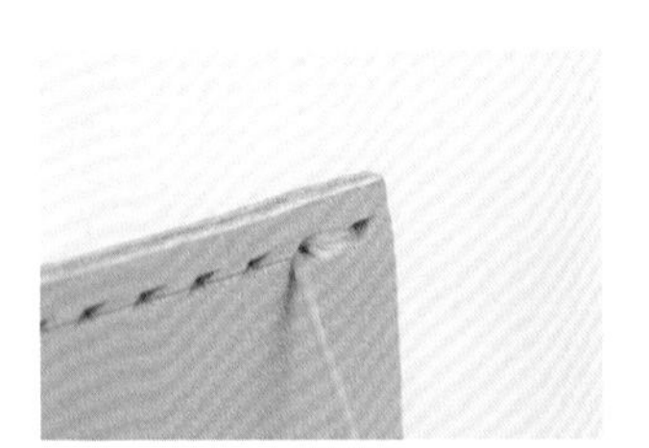

⑧邊端的第1個孔洞縫了2層線，完成了1針回針縫。

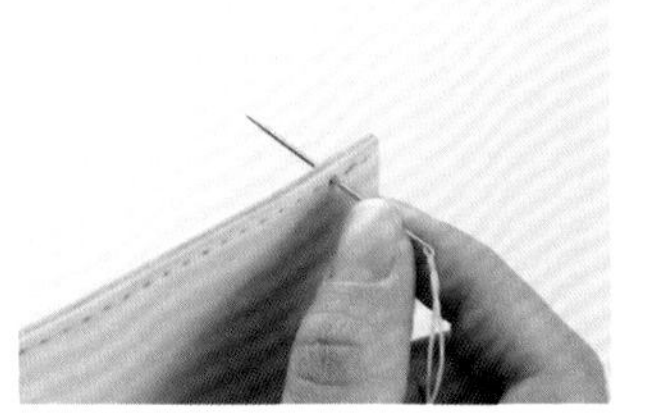

●2針回針縫

①把針穿過邊端算起的第3個孔洞，讓左右兩邊的線等長。

②縫2針到最邊端的孔洞。

③縫到最邊端的孔洞了。

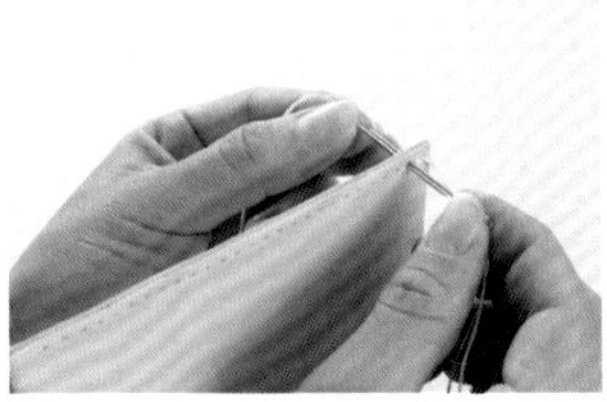

④把針穿過邊端算起的第2個孔洞回縫1針。下一個孔洞也同樣再回縫1針。

⑤一直往回縫到邊端算起的第3個孔洞。

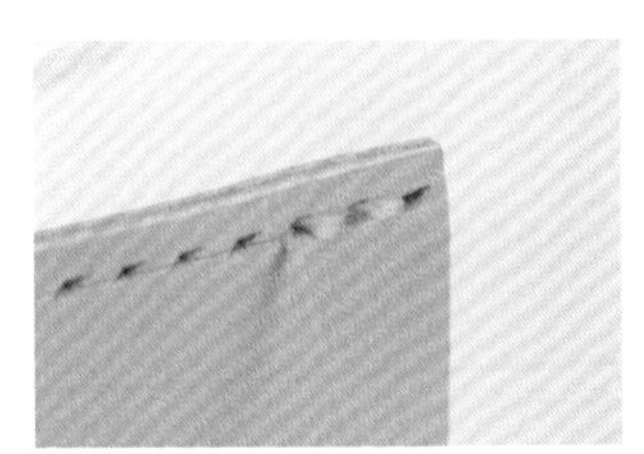

⑥邊端的2個孔洞縫了2層線，完成了2針回針縫。

●線繞皮邊的回針縫

①把針穿過最邊端的孔洞，讓左右兩邊的線等長。

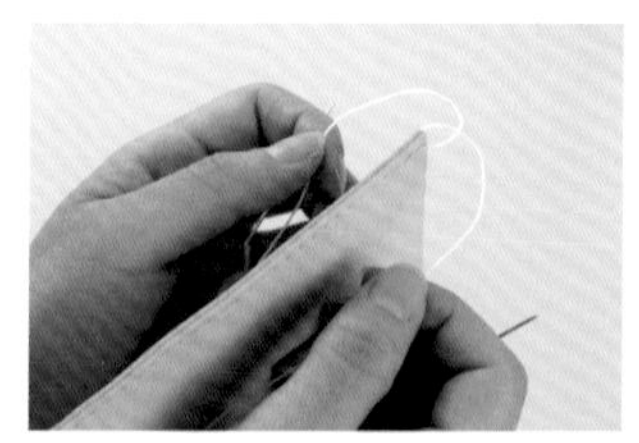

②把左右的針互換，讓線在皮邊交叉。

③將針穿回最邊端的孔洞，分別從左右插入。

④拉線。

⑤把線拉緊，壓在皮邊上。

⑥完成線繞皮邊的回針縫。

進針的方法

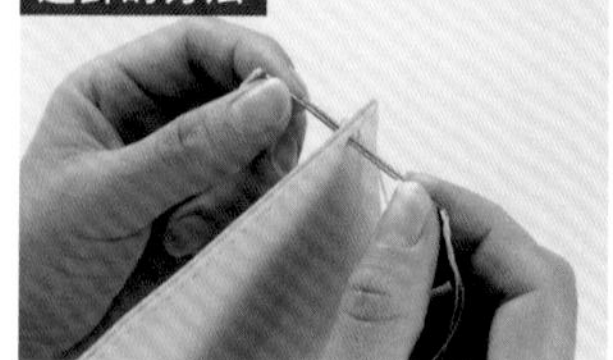

①讓皮革的正面朝向右邊，縫線與地板平行。分別從左右入針，從上方看的話，右手的針在後，左手的針在前，2針互靠。

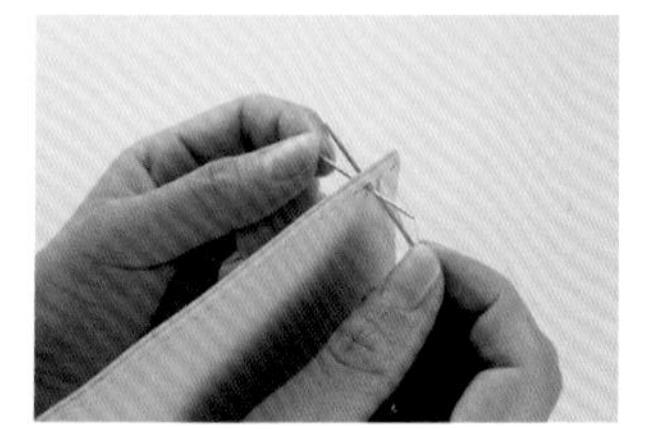

②穿針的時候，拿針的手往下，2根針呈十字狀就比較容易穿過。

③拿住針尖穿過孔洞。

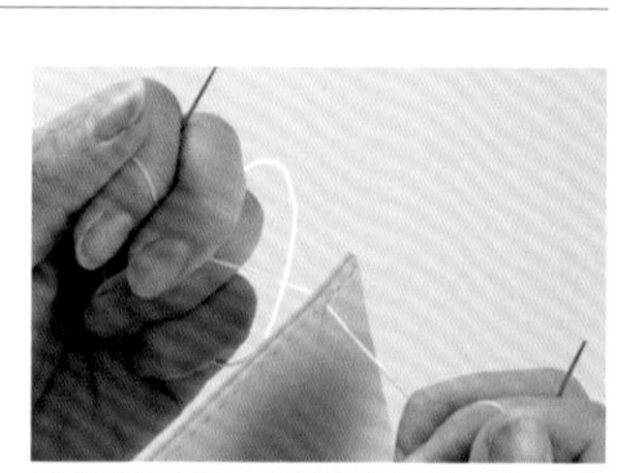

④把線拉緊，縫好了1針。每一針皆以相同的力道拉緊線，針目就會顯得一致又好看。

⑤以同樣的方式，朝自己的方向縫好每一針。

⑥留意針的前後位置，縫到最後一個孔洞。

ONE POINT ADVICE

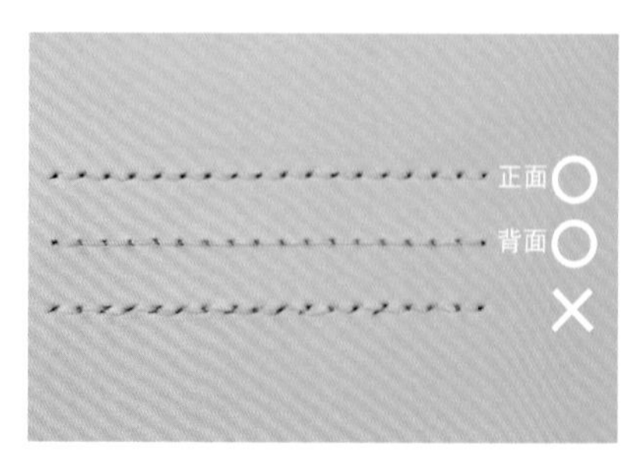

如果縫得好，每個針目的角度會一致。穿針的方向和拉線的力道不同的話，正面和背面的針目都會顯得很凌亂。

收針

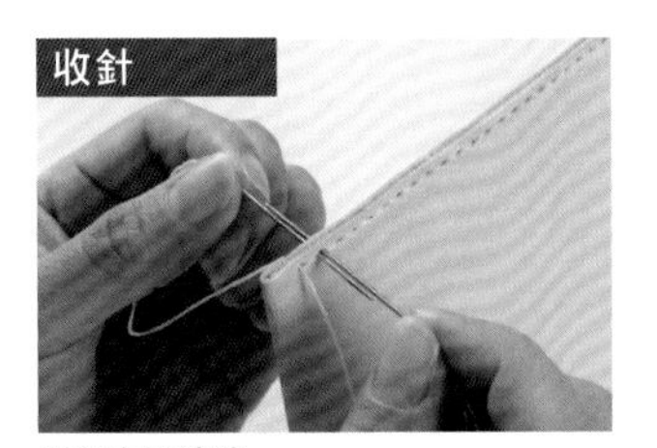

●1針回針縫

①縫到最後的孔洞時，往回縫1針。

②把線拉緊。

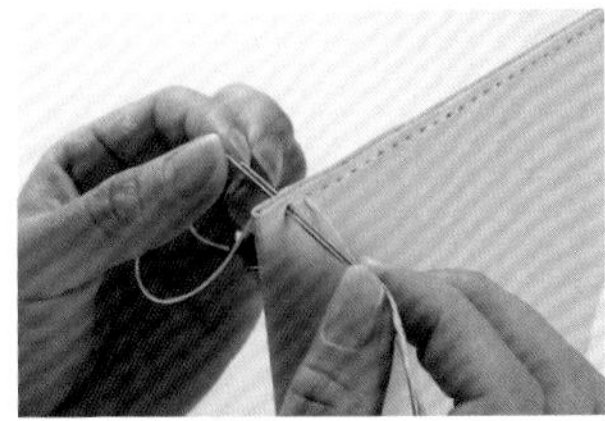

③再回到最後的孔洞。

④把線拉緊。

⑤最後的針目有3層線，完成了1針回針縫。

●2針回針縫

縫到最後的孔洞時，往回縫2針，再回到最後的孔洞。2個針目有3層線。

※縫製小皮件時，可只採「1針回針縫」，以免回針縫的線太過顯眼；製作包包等大型皮件時，再採「2針回針縫」。

止縫

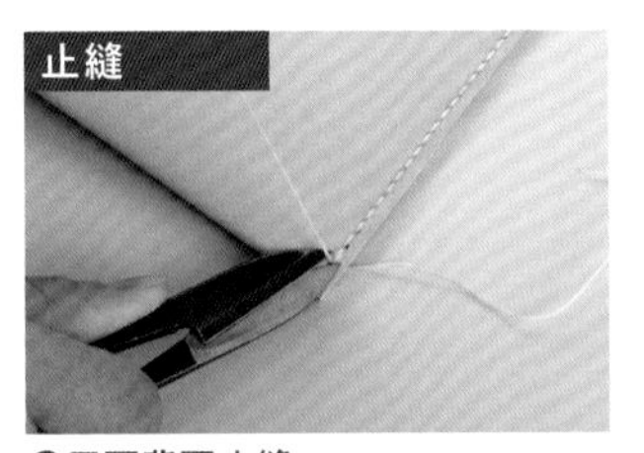

●正面背面止縫

①縫完後不留線，在靠近皮革的地方把線頭剪掉。

②用錐子沾取少量木工用黏膠。

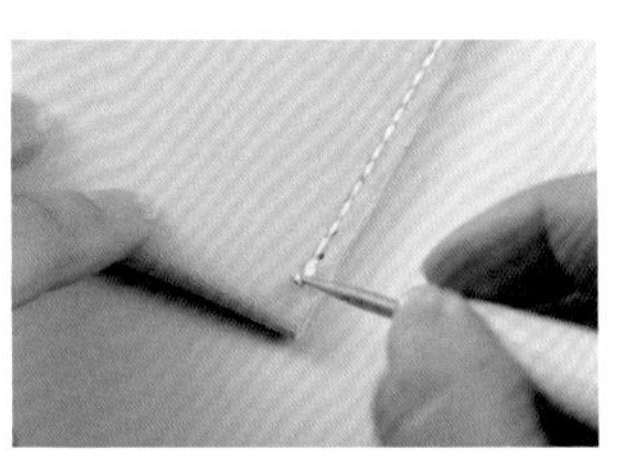

③把剩餘的線頭和黏膠一起塞入孔洞裡。

④正面和背面皆以同樣的方式止縫。

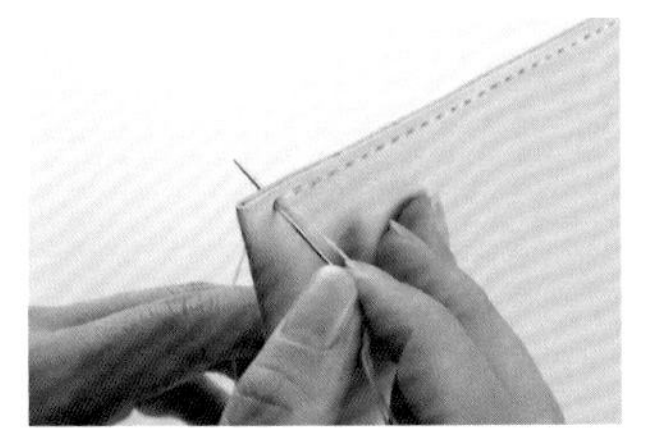

●在皮革的背面止縫2條線

①把1條線穿回背面，讓2條線都在背面。

②把線拉緊。

③2條線都在靠近皮革背面的地方剪掉。

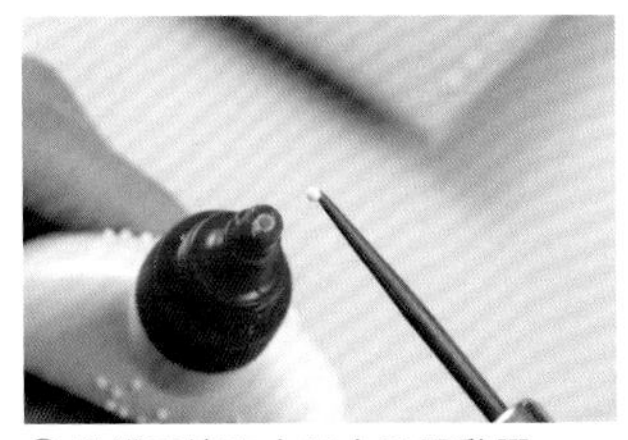

④用錐子沾取少量木工用黏膠。

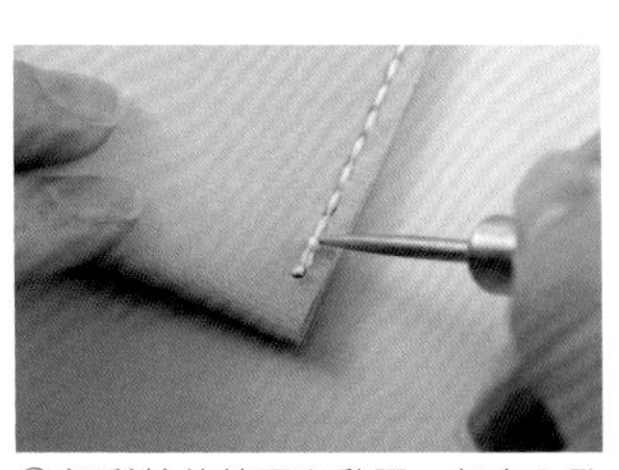

⑤把剩餘的線頭和黏膠一起塞入孔洞裡。

⑥2條線一起止縫了。

POINT LESSON　重點教學

安裝金屬零件的方法

〈這個工序主要使用的工具〉
- 安裝原子釦…圓斬
- 安裝四合釦…圓斬、四合釦工具組、金屬打釦台、木槌
- 安裝固定釦…圓斬、固定釦斬、金屬打釦台、木槌
- 安裝拉鍊…雙面膠帶、針、線、黏膠

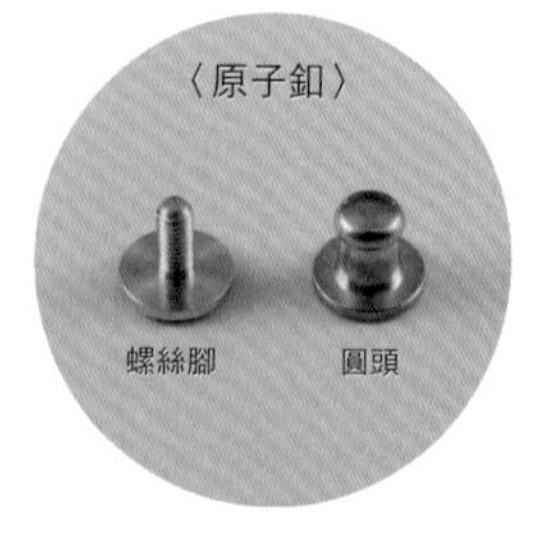

安裝原子釦

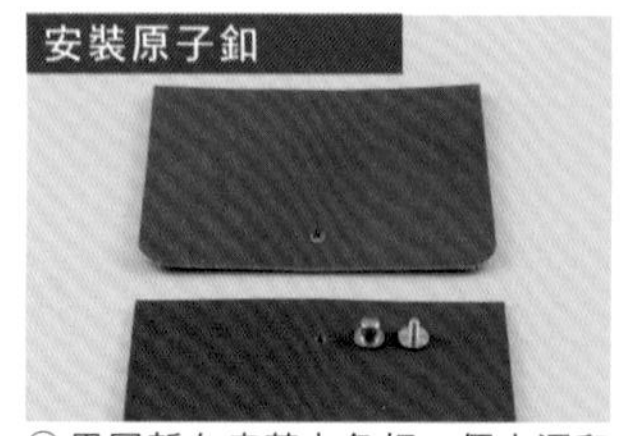

①用圓斬在皮革上各打一個大洞和小洞，並在大洞劃開一道切口（參照p.36）。

②在小洞安裝原子釦。從皮革的背面插入螺絲腳。

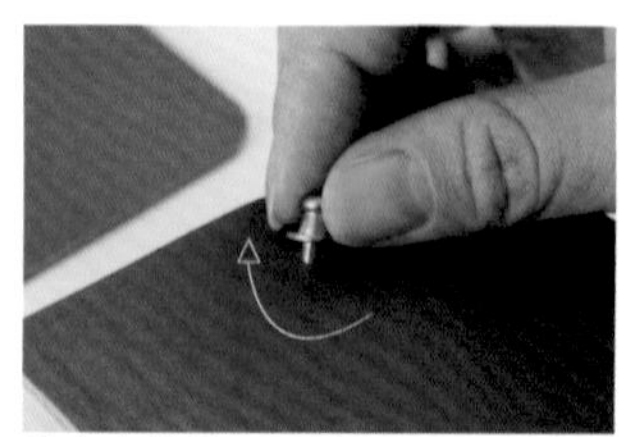

③在皮革的正面重疊圓頭和螺絲腳後，用手把螺絲轉緊。

☆如果有一字型螺絲起子的話，可以鎖得更緊。

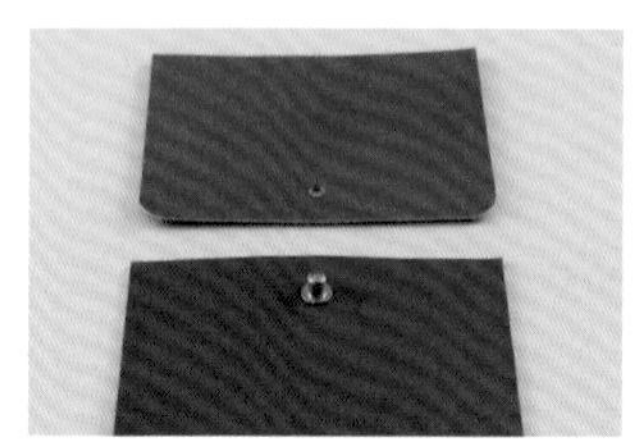

④完成原子釦的安裝。

⑤扣上原子釦的樣子。

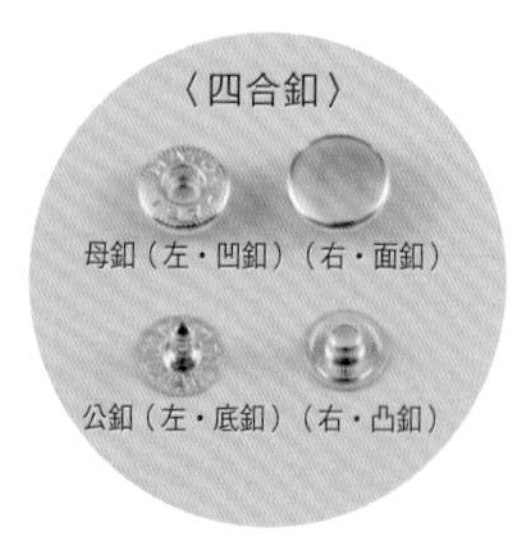

安裝四合釦

①用圓斬在皮革上各打一個大洞和小洞（參照p.36），然後在大洞（上方）裝上母釦，小洞（下方）裝上公釦。

●安裝公釦
①從皮革的背面插入公釦（底釦）。

②讓金屬打釦台的平整面朝上，把皮革的正面朝上置於金屬打釦台。

③把公釦的（凸釦）疊在（底釦）上。

④（凸釦）和（底釦）中間夾著皮革的狀態。

⑤用木槌敲打專用釦斬加以固定。

ONE POINT ADVICE

留意不要讓皮革和金屬零件之間產生縫隙。

ONE POINT ADVICE

敲打得太大力的話，釦子會變形，因此請注意敲打釦斬時的力道。

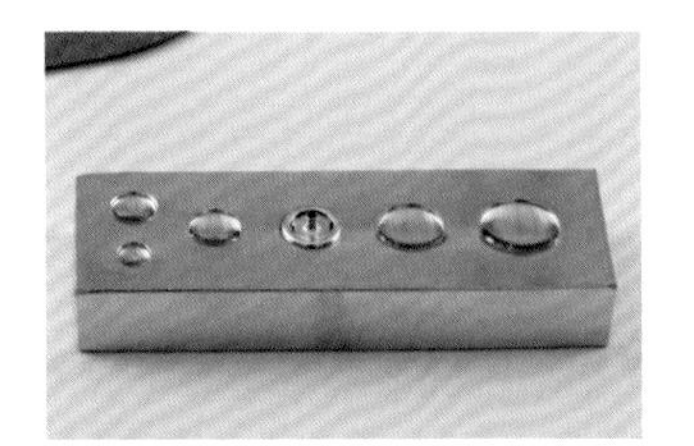

●安裝母釦

①讓金屬打釦台的凹洞面朝上，把母釦的（面釦）放在相同尺寸的凹洞裡。

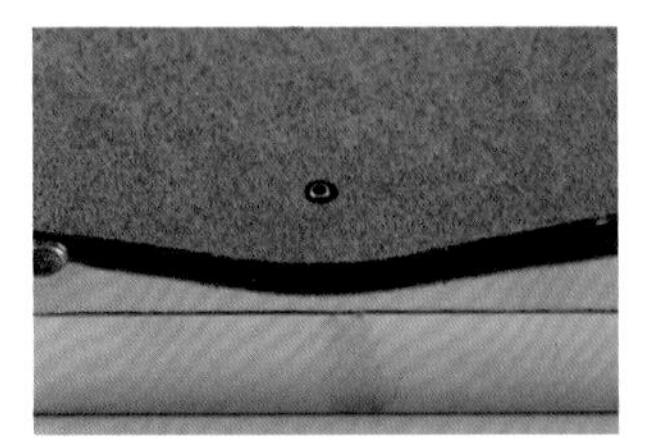

②讓皮革的背面朝上，將孔洞對準①的（面釦）。

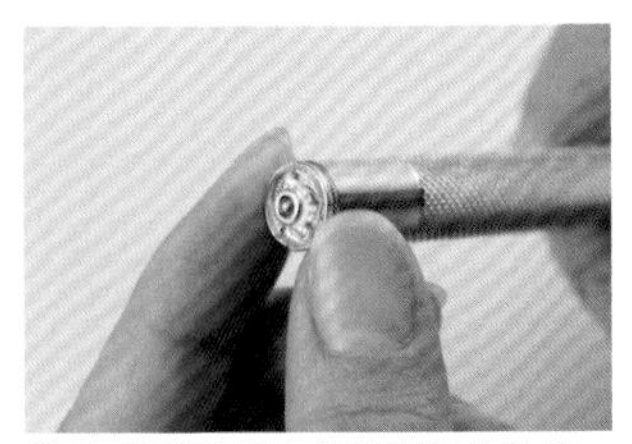

③把（凹釦）裝在專用釦斬的前端。

④確實對準（面釦）的中心。

⑤用木槌敲打專用釦斬加以固定。

⑥釦上公釦和母釦的樣子。

〈固定釦〉

圓頭　釦腳

安裝固定釦

①重疊2片皮革安裝固定釦時，2片皮革都要用圓斬打出相同大小的洞（參照p.36）。

②對準2片皮革的孔洞，插入固定釦的（釦腳）。

③插入固定釦（釦腳）的樣子。

④用固定釦的（圓頭）夾住2片皮革，輕壓一下暫時固定。

⑤蓋上固定釦的（圓頭）暫時固定住的狀態。

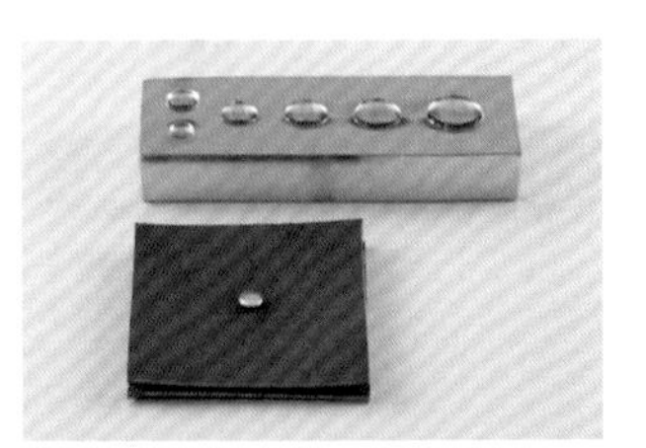

⑥讓金屬打釦台的凹洞面朝上。

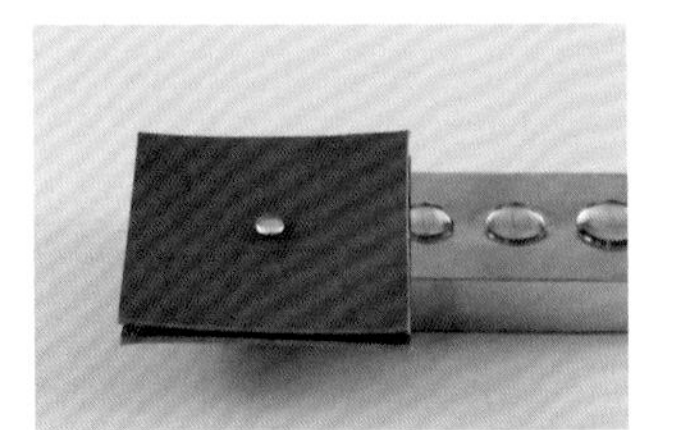

⑦把固定釦放在相同尺寸的凹洞裡。這時候，固定釦的（釦腳）在下。

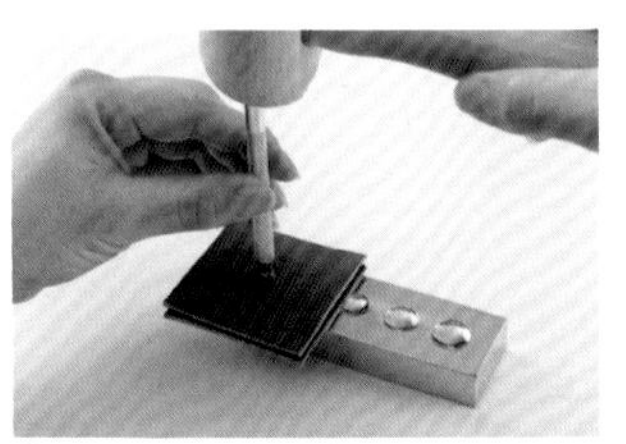

⑧用木槌敲打專用釦斬加以固定。

⑨完成固定釦的安裝。正面和背面看起來都一樣。

安裝拉鍊

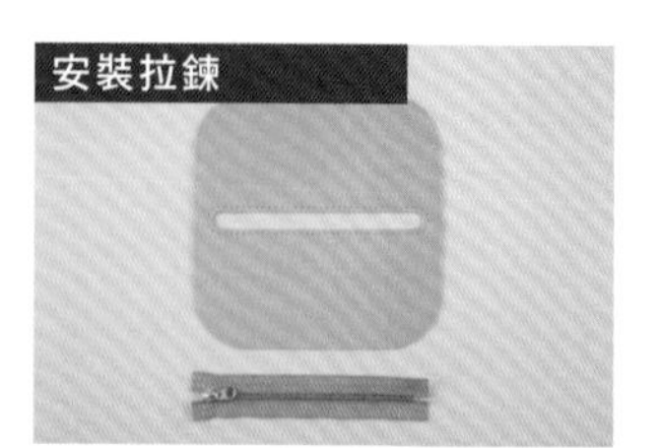

①配合皮革要安裝拉鍊的部分，準備好長度相符的拉鍊。

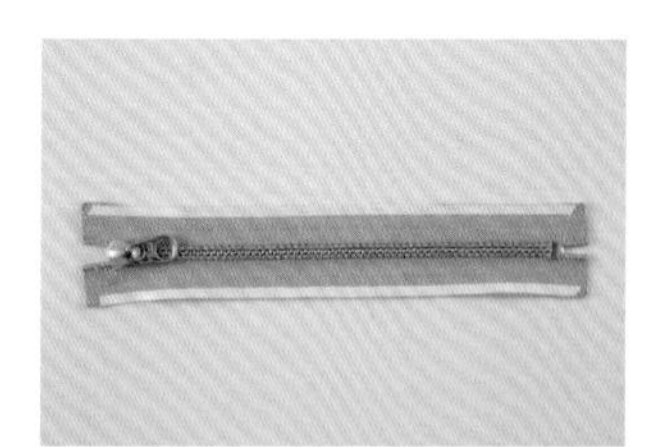

②在拉鍊的上下外緣分別貼上雙面膠帶。

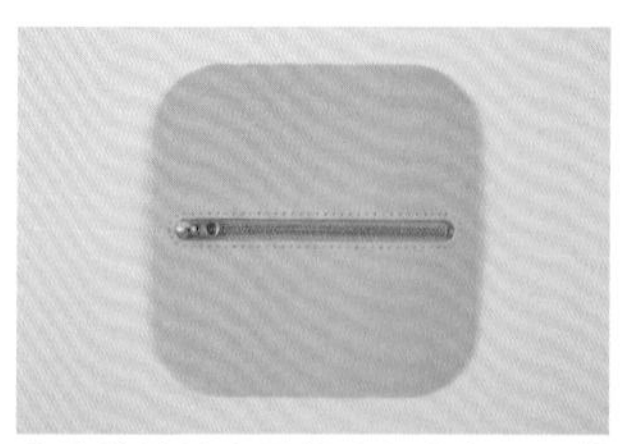

③讓拉鍊的金屬部分在中央，以雙面膠帶固定。

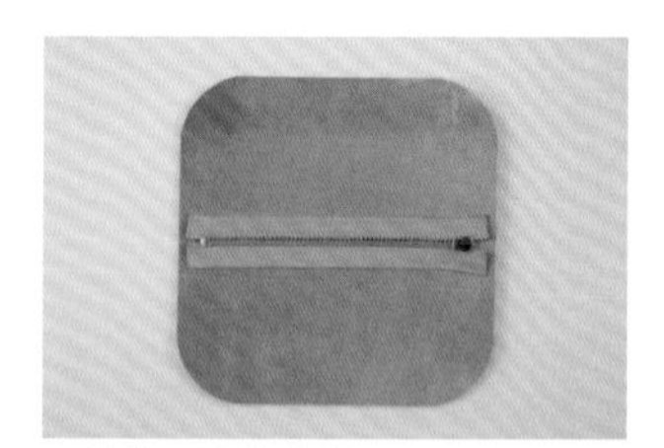

☆從背面看③的樣子。

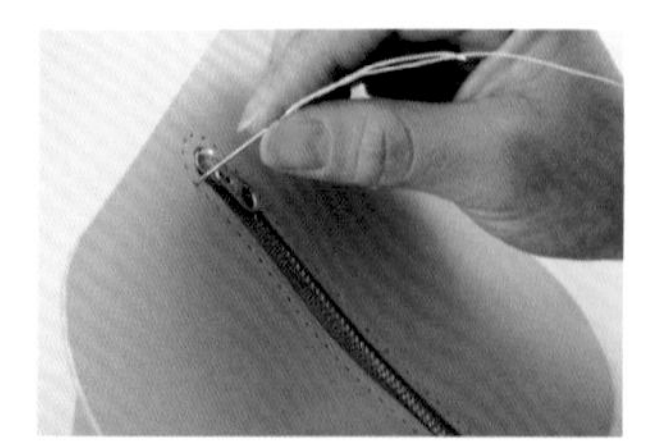

④準備針線（參照p.42），從直線的邊端開始縫。

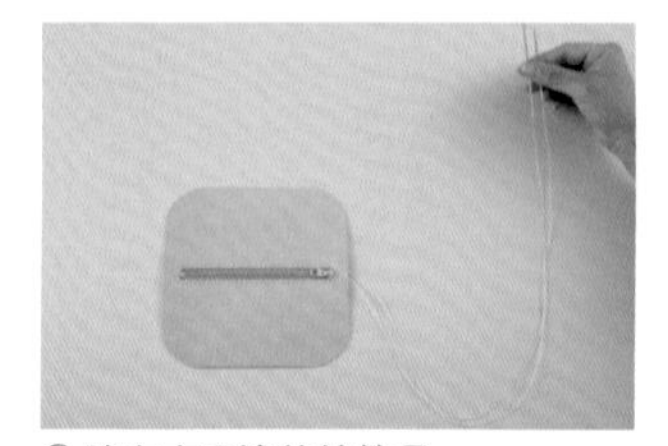

⑤讓左右兩邊的線等長。

⑥像這種縫1圈的情形，起針不用再回縫。

ONE POINT ADVICE

縫合皮革和拉鍊時，背面的針目容易變得凌亂。不過因為背面看不到，所以只要留意把正面縫得漂亮即可。

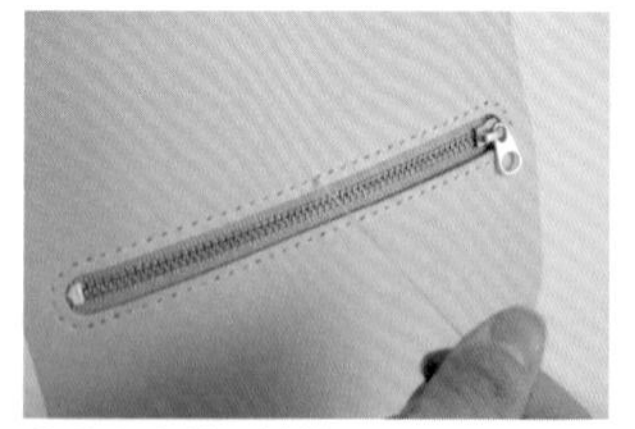

⑦縫合皮革和拉鍊。

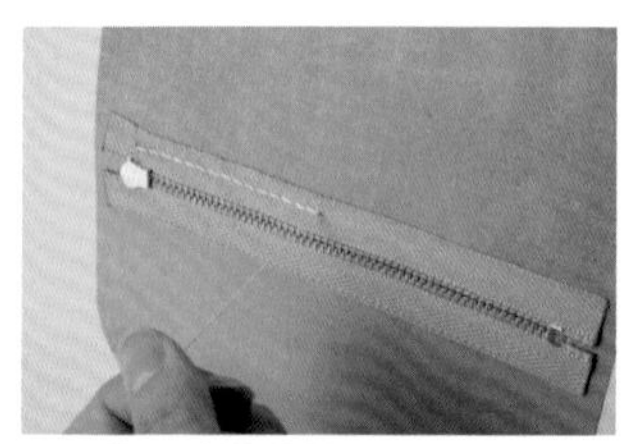

☆從背面看⑦的樣子。

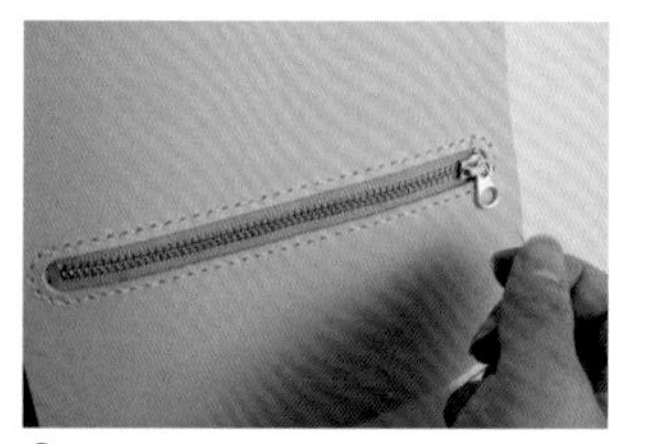

⑧縫好1圈的樣子。

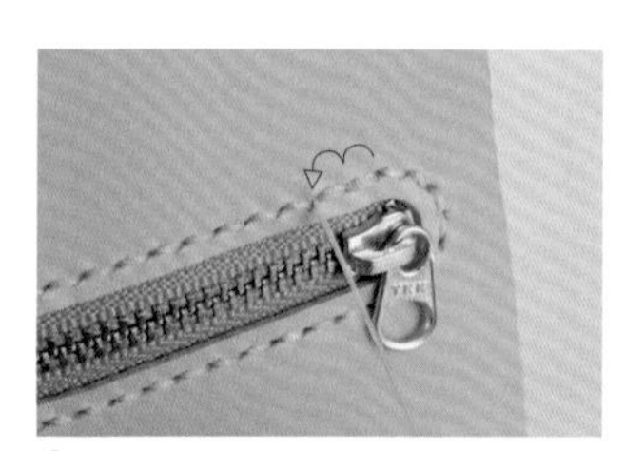

⑨續縫到起針的針目和下2個針目。

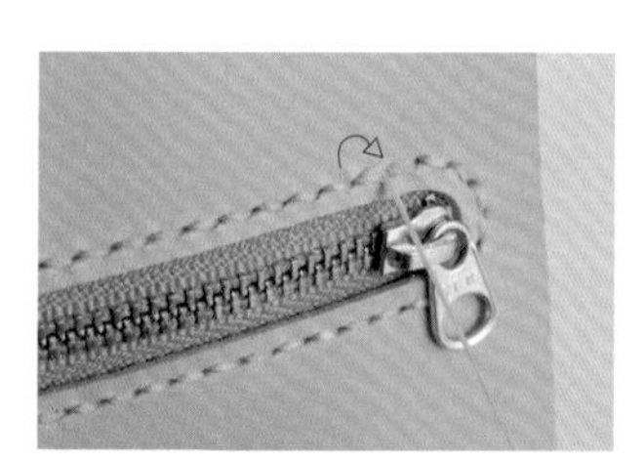

⑩回縫1針。

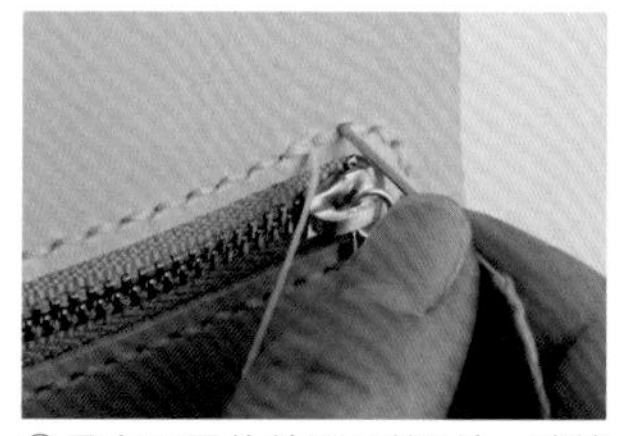

⑪只有正面的針再回縫1針，讓線從背面穿出。

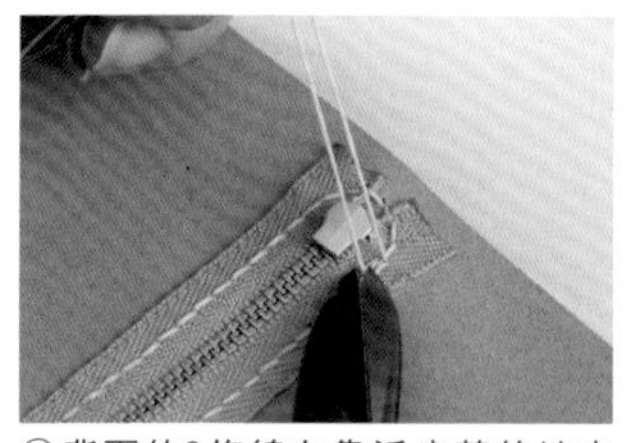

⑫背面的2條線在靠近皮革的地方剪掉，用木工用黏膠固定線頭止縫（參照p.45）。

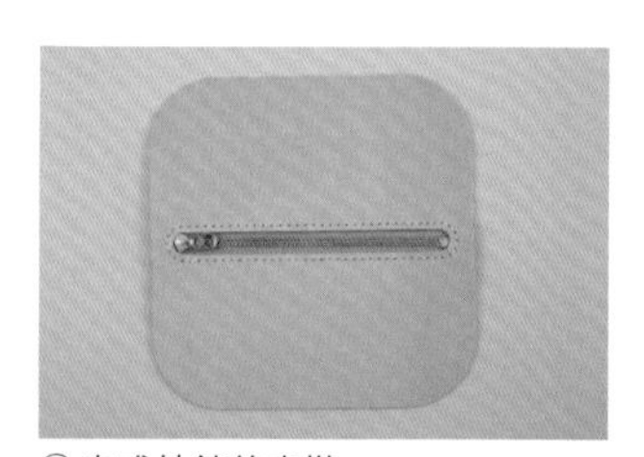

⑬完成拉鍊的安裝。

HOW TO MAKE

製作皮革小物的主要工序如下表所示。
各工序的作法在p.34～48皆有詳細的介紹，
製作時如有疑惑，請重新確認一下作法。

製作皮革小物的基本技巧

製作紙型 ……… p. 34

皮革的裁切
粗裁 ……… p. 34
背面處理 ……… p. 34
細裁 ……… p. 35～36
劃出裁切線、裁切直線、裁切曲線、用圓斬打洞、打原子釦用的洞（有切口的一側）、挖空橢圓形的方法

做記號、劃線
在皮革的正面做記號 ……… p. 37
打點、劃直線、劃曲線
在皮革的背面做記號 ……… p. 37～38
在皮革的邊緣做記號、要做記號的位置不在皮革邊緣時

染皮邊、打磨皮邊
染皮邊 ……… p. 38
打磨皮邊 ……… p. 38～39
用打磨棒磨皮邊、用錐子打磨、縫好後再打磨

黏合縫份
把黏貼處的表面刮粗 ……… p. 39
把皮革的邊緣刮粗、要刮粗的位置不在皮革邊緣時
塗強力膠 ……… p. 40
準備強力膠、塗抹在黏貼處、塗抹整面

用菱斬打洞 ……… p. 40～42
用四孔菱斬打洞、用單孔菱斬打洞、
用雙孔菱斬打洞、在角落打洞

縫合
準備縫線、上蠟、縫線穿針的方法 … p. 42
起針 ……… p. 43～44
1針回針縫、2針回針縫、
線繞皮邊的回針縫
進針的方法 ……… p. 44
收針 ……… p. 45
1針回針縫、2針回針縫
止縫 ……… p. 45
正面背面止縫、在皮革的背面止縫2條線

重點教學

安裝金屬零件的方法
安裝原子釦 ……… p. 46
安裝四合釦 ……… p. 46～47
安裝公釦、安裝母釦
安裝固定釦 ……… p. 47
安裝拉鍊 ……… p. 48

.URUKUST

CARD CASE A

票卡夾A　page 06

原尺寸紙型 A面 1

［主體、口袋］

・完成尺寸
W9.8×H6.8cm

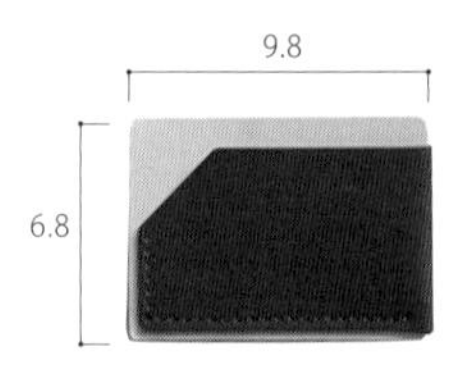

材料

主體：原色植鞣牛皮1.2mm…約12×9cm1片（約1DS）
口袋：.URUKUST牛皮（黑色）1.6mm…約22×8cm1片（約1.8DS）
麻線（黑色）…適量

基本工具

美工刀、30cm方眼尺、塑膠板、錐子、銼刀、皮革背面處理劑、打磨棒、銀筆、強力膠、刮刀、橡膠板、木槌、針、手縫用蠟塊、剪線刀、木工用黏膠

其他工具

四孔菱斬（4mm）、皮邊染料、棉花棒

※製作皮革小物的工具・材料在p.32～，基本工序在p.34～有詳細的說明。

1. 製作紙型、裁切皮革

先將皮革粗裁，進行背面處理之後，按照紙型的形狀進行細裁。

2. 染皮邊、打磨皮邊

口袋可應需求染皮邊，並打磨所有的皮邊。主體也要打磨過全部的皮邊。

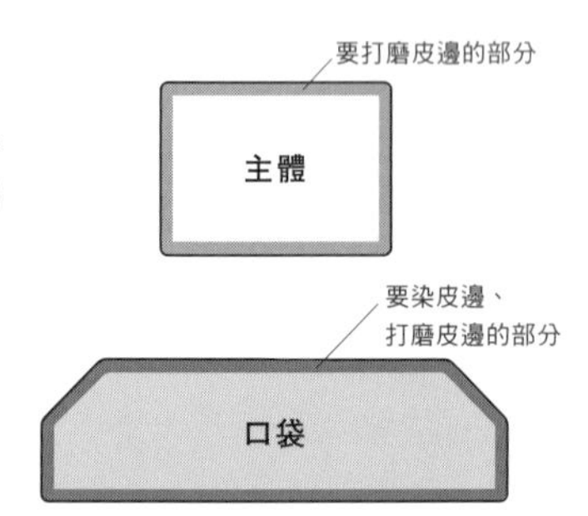

3. 做記號、劃線

按照紙型的標示，用錐子在主體的正面、背面和口袋的正面打點、劃線。口袋的背面用銀筆做記號。

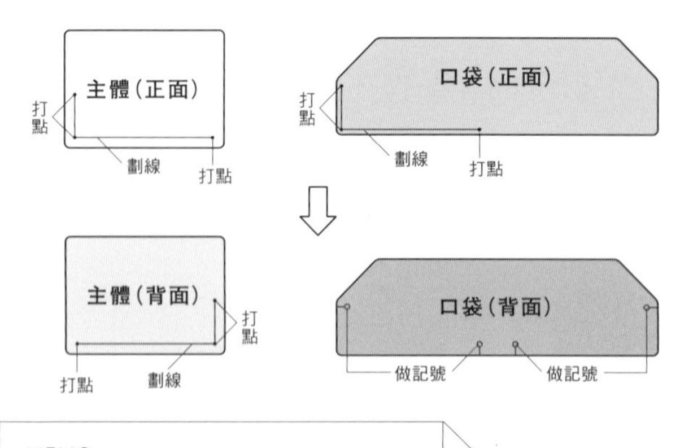

MEMO

皮革（背面）通常是用銀筆做記號，但這個作品的主體（背面）用錐子劃線，成品較為美觀。

4. 黏合縫份

把主體的正面、背面，以及口袋背面的黏貼處刮粗，塗上強力膠，黏貼起來。

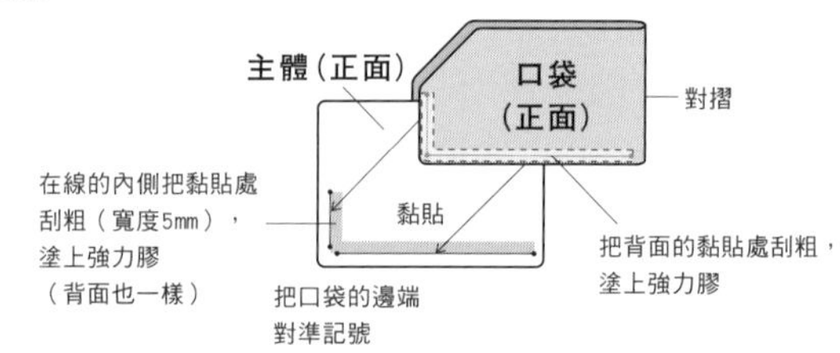

5. 打洞

用四孔菱斬沿著事先以錐子劃好的線打洞。

6. 縫合

兩端都要縫1針回針縫。

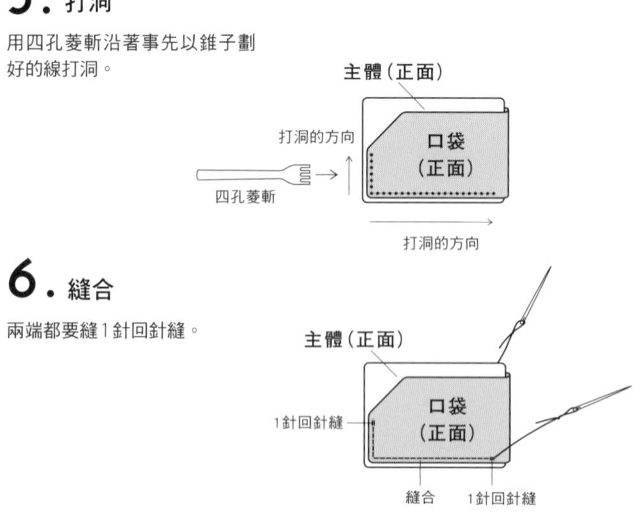

CARD CASE B

票卡夾B　page 06

原尺寸紙型 A面 2

［主體、口袋］

・完成尺寸
W9.8×H6.8cm

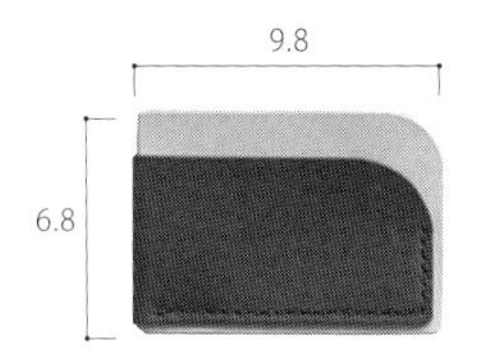

材料

主體：原色植鞣牛皮1.2mm…約12×9cm1片（約1DS）
口袋：.URUKUST牛皮（褐色）1.6mm…約22×8cm1片（約1.8DS）
麻線（棕色）…適量

基本工具

美工刀、30cm方眼尺、塑膠板、錐子、銼刀、皮革背面處理劑、打磨棒、銀筆、強力膠、刮刀、橡膠板、木槌、針、手縫用蠟塊、剪線刀、木工用黏膠

其他工具

四孔菱斬（4mm）、皮邊染料、棉花棒

※製作皮革小物的工具・材料在p.32～，基本工序在p.34～有詳細的說明。

1. 製作紙型、裁切皮革

先將皮革粗裁，進行背面處理之後，按照紙型的形狀進行細裁。

2. 染皮邊、打磨皮邊

口袋可應需求染皮邊，並打磨所有的皮邊。主體也要打磨過全部的皮邊。

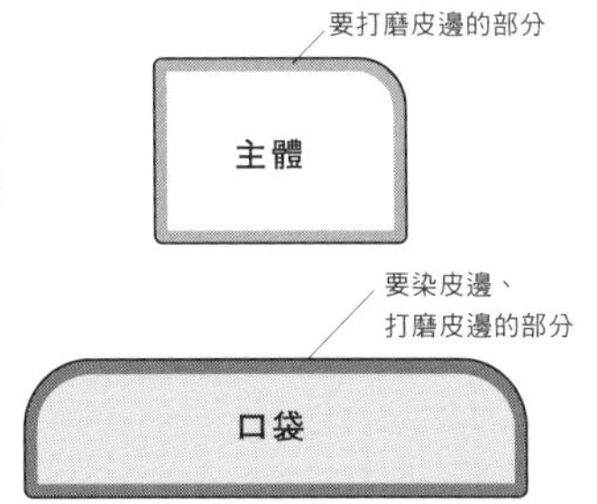

3. 做記號、劃線

按照紙型的標示，用錐子在主體的正面、背面和口袋的正面打點、劃線。口袋的背面用銀筆做記號。

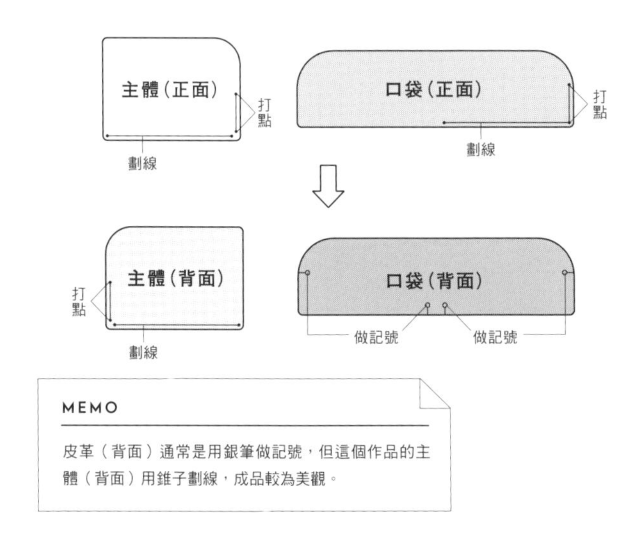

MEMO

皮革（背面）通常是用銀筆做記號，但這個作品的主體（背面）用錐子劃線，成品較為美觀。

4. 黏合縫份

把主體的正面、背面，以及口袋背面的黏貼處刮粗，塗上強力膠，黏貼起來。

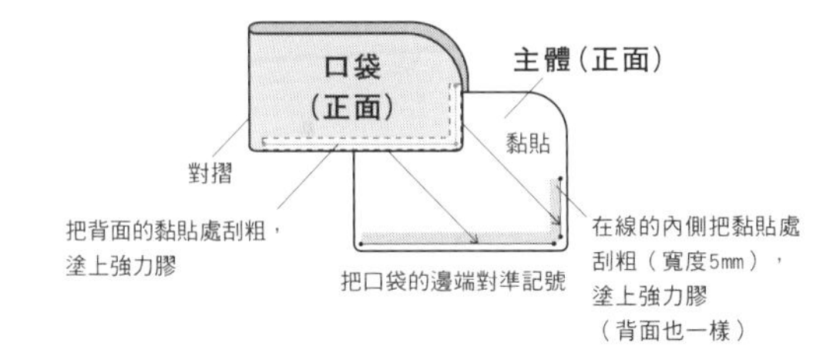

5. 打洞

用四孔菱斬沿著事先以錐子劃好的線打洞。

6. 縫合

兩端都要縫1針回針縫。

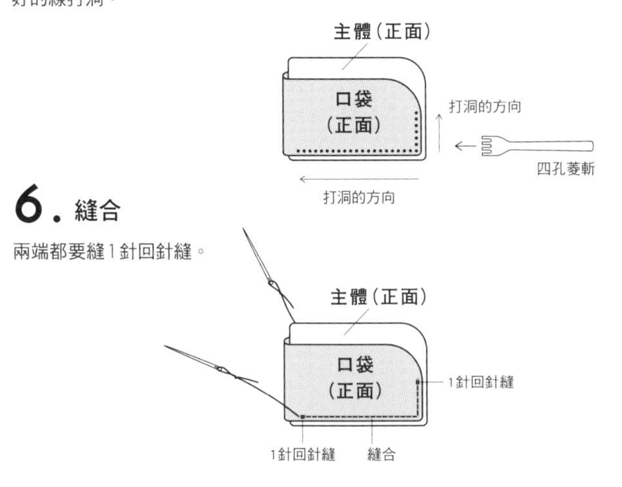

CARD CASE C

票卡夾C　page 06

原尺寸紙型 A面 3

[主體、口袋]

・完成尺寸
W10.4×H6.8cm

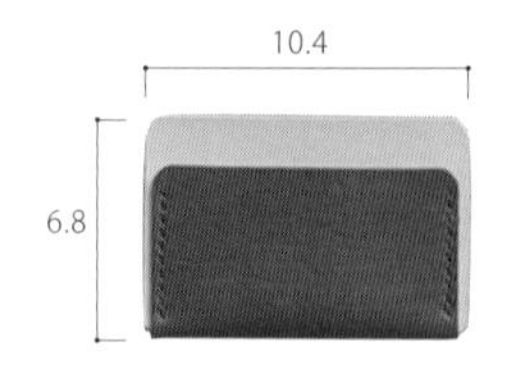

材料

主體：原色植鞣牛皮1.2mm…約13×9cm1片（約1.2DS）
口袋：.URUKUST牛皮（棕色）1.6mm…約12×13cm1片（約1.6DS）
麻線（棕色）…適量

基本工具

美工刀、30cm方眼尺、塑膠板、錐子、銼刀、皮革背面處理劑、打磨棒、銀筆、強力膠、刮刀、橡膠板、木槌、針、手縫用蠟塊、剪線刀、木工用黏膠

其他工具

四孔菱斬（4mm）、皮邊染料、棉花棒

※製作皮革小物的工具・材料在p.32～，基本工序在p.34～有詳細的說明。

1. 製作紙型、裁切皮革

先將皮革粗裁，進行背面處理之後，按照紙型的形狀進行細裁。

2. 染皮邊、打磨皮邊

口袋可應需求染皮邊，並打磨所有的皮邊。主體也要打磨過全部的皮邊。

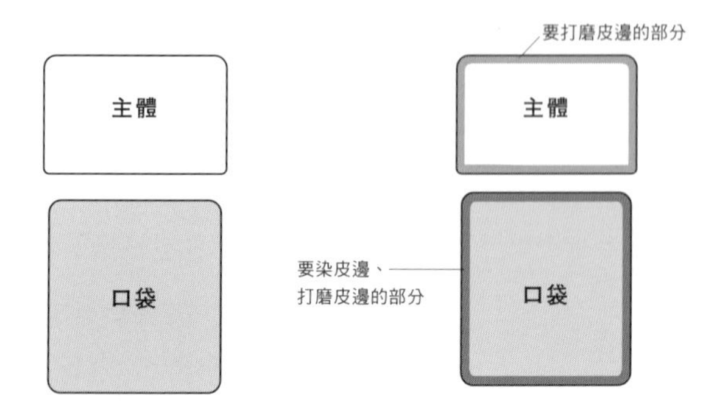

3. 做記號、劃線

按照紙型的標示，用錐子在主體的正面、背面和口袋的正面打點、劃線。口袋的背面用銀筆做記號。

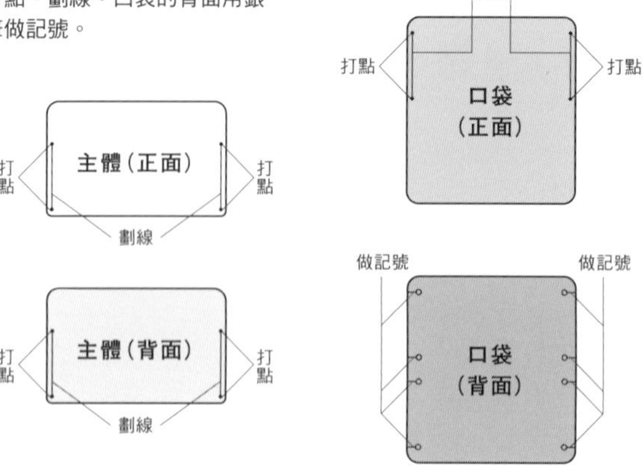

MEMO

皮革（背面）通常是用銀筆做記號，但這個作品的主體（背面）用錐子劃線，成品較為美觀。

4. 黏合縫份

把主體的正面、背面，以及口袋背面的黏貼處刮粗，塗上強力膠，黏貼起來。

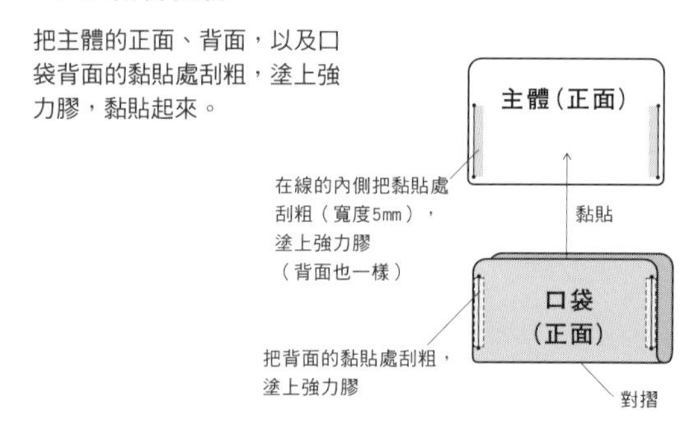

5. 打洞

用四孔菱斬沿著事先以錐子劃好的線打洞。

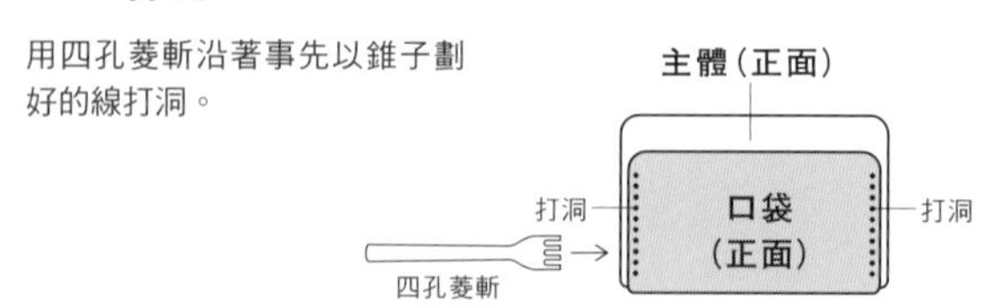

6. 縫合

兩端都要縫1針回針縫。

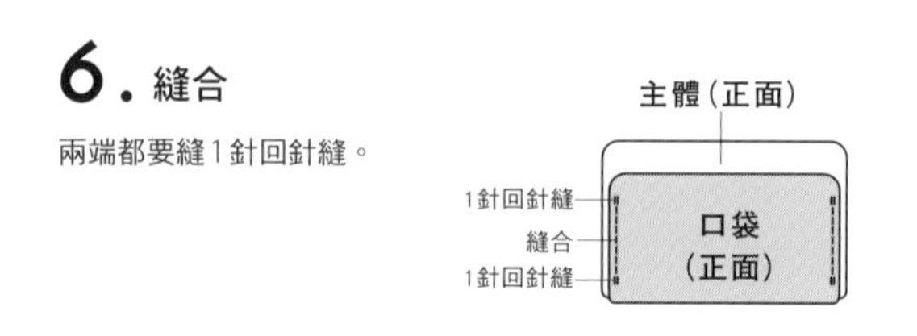

LONG WALLET

長皮夾 page 18

原尺寸紙型 A面 12

[主體、零錢包組件、
隔片、票卡夾組件a、
票卡夾組件b]

・完成尺寸
W18.8×H11cm

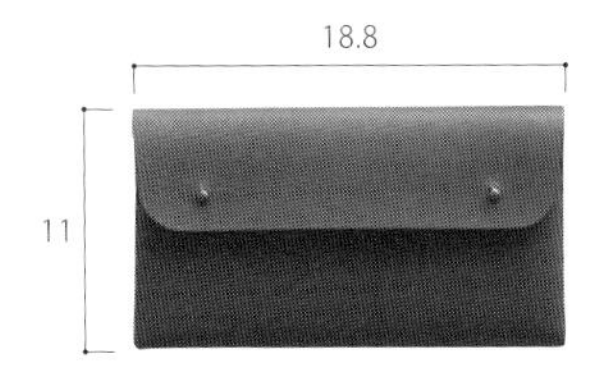

材料

皮夾主體：.URUKUST牛皮（棕色）1.6mm…約35×30cm1片（約11DS）
零錢包組件：原色植鞣牛皮1.2mm…約19×19cm1片（約4DS）
隔片：原色植鞣牛皮1.2mm…約21×12cm1片（約2.5DS）
票卡夾組件a・b：原色植鞣牛皮1.2mm…約21×8cm2片（約3.5DS）
黃銅原子釦〈極小5mm〉…2個
拉鍊〈3MG DFW 拉鍊〉（色號＃573）長13.5cm…1條
麻線（棕色・白色）…適量

基本工具

美工刀、30cm方眼尺、塑膠板、錐子、銼刀、皮革背面處理劑、打磨棒、銀筆、強力膠、刮刀、橡膠板、木槌、針、手縫用蠟塊、剪線刀、木工用黏膠

其他工具

單孔菱斬（4mm）、雙孔菱斬（4mm）、四孔菱斬（4mm）、圓斬2.4mm・3.6mm・10.5mm、間距規、雙面膠帶3mm、皮邊染料、棉花棒、牙籤

※製作皮革小物的工具・材料在p.32～，基本工序在p.34～，安裝金屬零件的方法在p.46～有詳細的說明。

1. 製作紙型、裁切皮革

先將皮革粗裁，進行背面處理之後，按照紙型的形狀進行細裁。用圓斬打好4個原子釦用的孔洞，各在3.6mm的孔洞劃開一道切口。挖空拉鍊用的橢圓形孔洞。

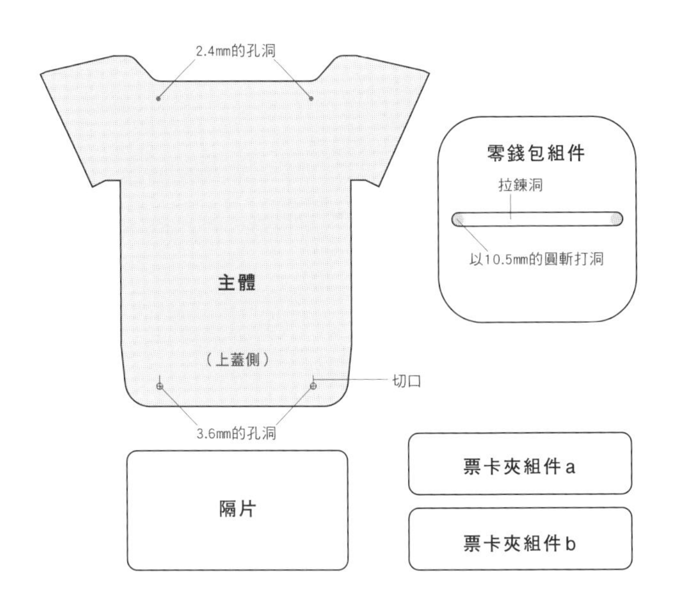

2. 染皮邊、打磨皮邊

主體可應需求染皮邊，並打磨黏貼處以外的皮邊。其他組件也都要打磨過全部的皮邊。

3. 做記號、劃線

按照紙型的標示，用錐子在皮革的正面打點、劃線。零錢包組件的弧形縫線用間距規劃線。皮夾主體的背面用銀筆做記號。

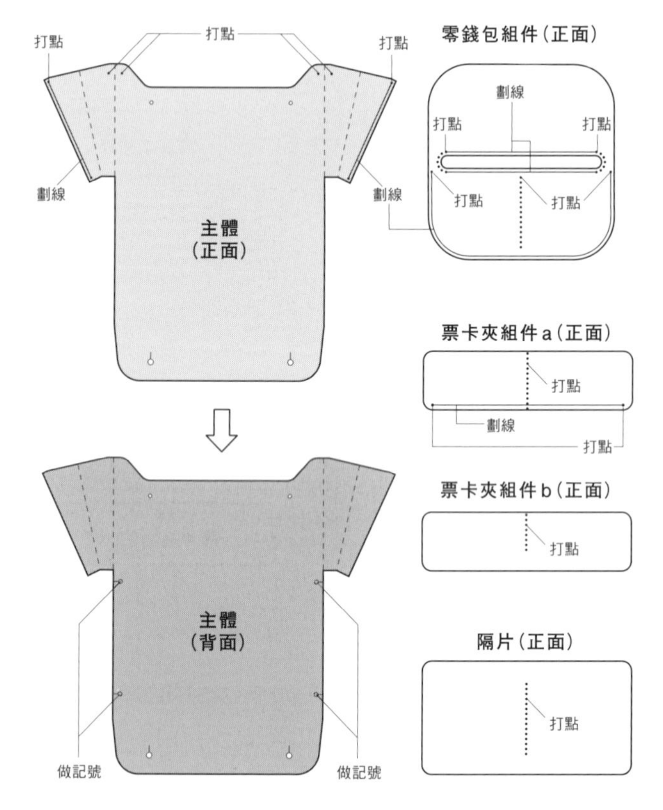

4. 打洞

主體用單孔菱斬打4個孔洞。票卡夾組件a和b、隔片的中心線，按圖用四孔菱斬打洞。零錢包組件的中心線，按圖用四孔菱斬打洞，拉鍊洞的周圍也要打洞。

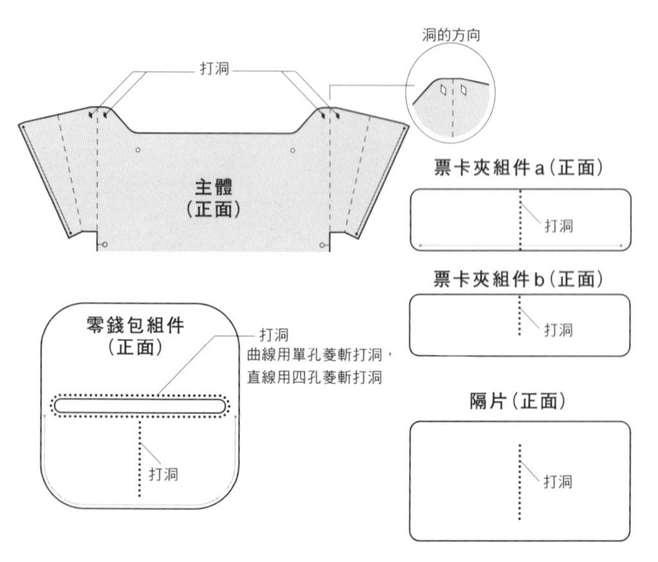

5. 縫上拉鍊

在零錢包組件（背面）用雙面膠帶貼上拉鍊，沿著孔洞縫起來。收針時，連續2個針目回縫2針，從皮革的背面穿出2條線止縫（參照p.48）。

※拉鍊以閉合的狀態貼上

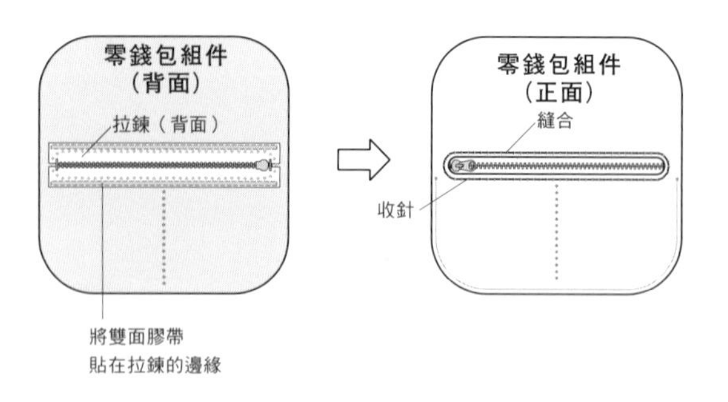

6. 縫合票卡夾組件a

將隔片和票卡夾組件a重疊，用雙面膠帶貼起來，打洞後縫合。用四孔菱斬沿著票卡夾組件a上劃好的線打洞，然後縫合。兩端都要縫1針回針縫。

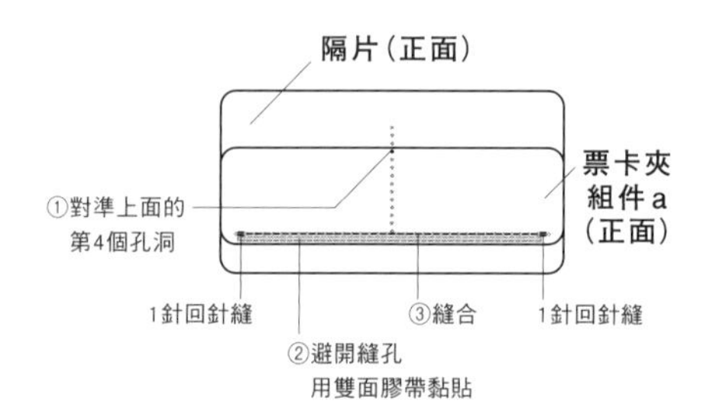

7. 對齊組件的孔洞後縫合

將零錢包組件、**6.**做好的組件、票卡夾組件b的孔洞依序重疊，然後縫合。

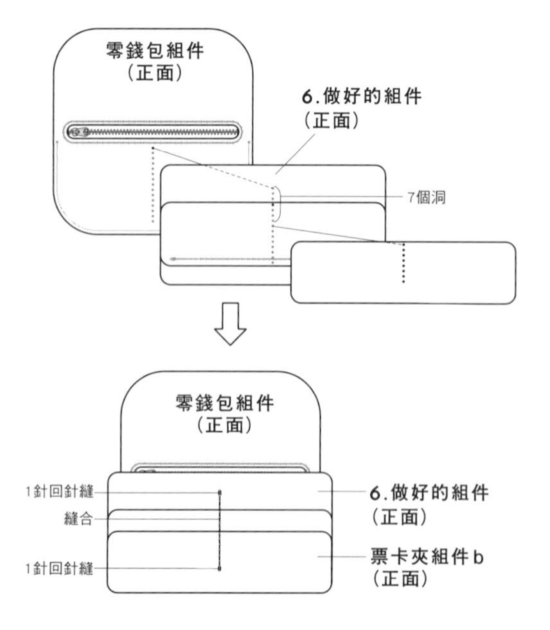

8. 縫合零錢包組件

把零錢包組件（背面）的黏貼處刮粗，塗上強力膠，將組件的正面朝外對齊，黏合縫份。直線用四孔菱斬、曲線用雙孔菱斬打洞後縫合。

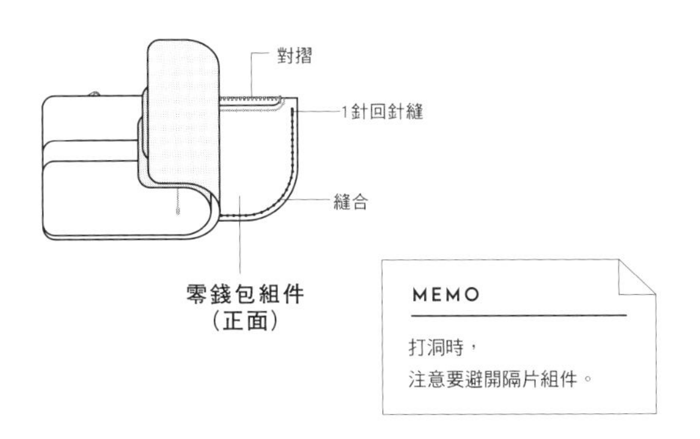

9. 縫合主體的側面

縫合主體上用單孔菱斬打的洞。將線頭從皮革間穿出，打結止縫，打結處以木工用黏膠固定。

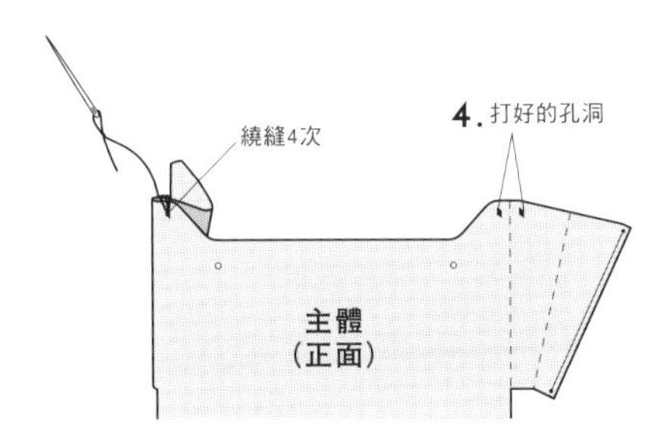

10. 摺出側面

以紙型的摺線為基準，摺出側面的寬幅，調整形狀。

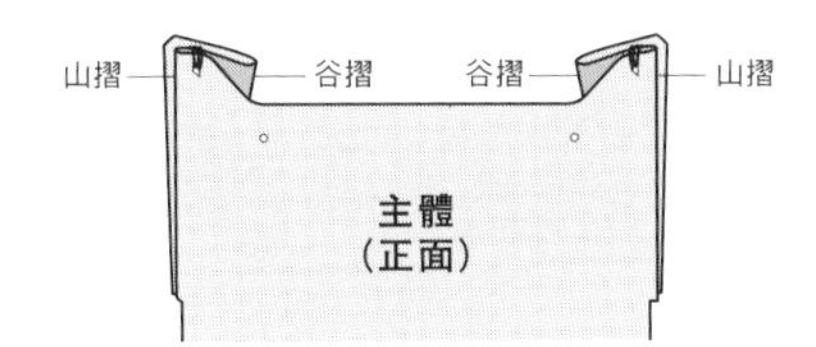

11. 黏合縫份

把主體（背面）的黏貼處刮粗，塗上強力膠黏貼起來。

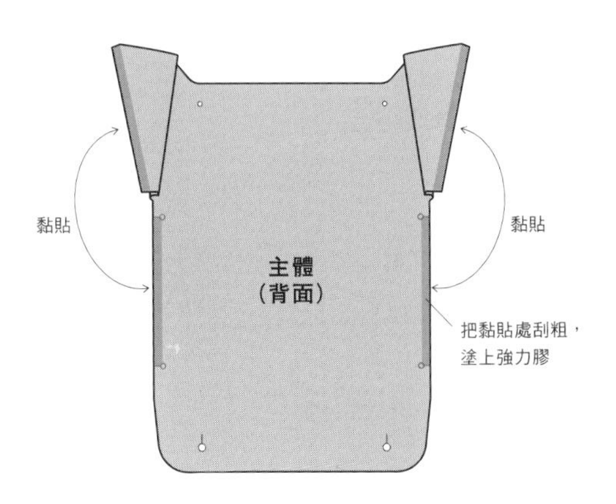

12. 打洞後縫合

用四孔菱斬沿著事先以錐子劃好的線打洞，然後縫合。兩端都要縫1針回針縫。

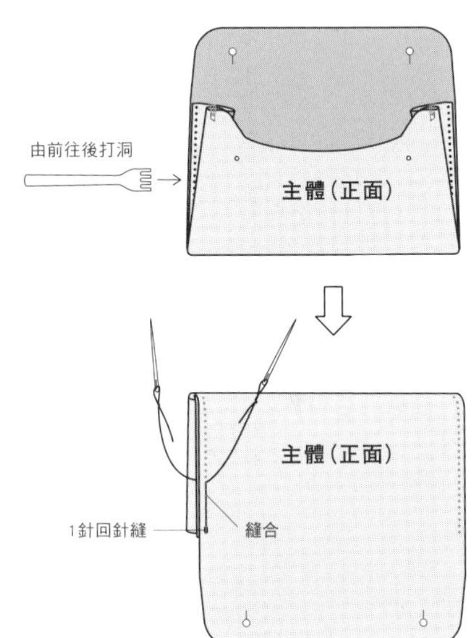

13. 打磨皮邊、安裝原子釦

一起打磨12.縫好的2片皮革的皮邊，然後安裝原子釦（參照p.46）。

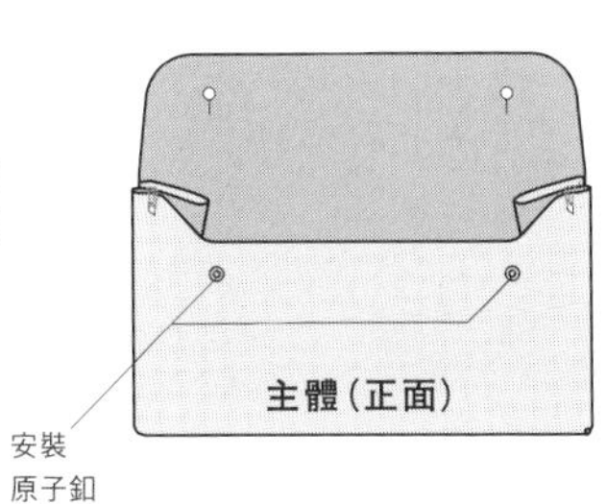

14.

把1.～8.做好的組件放入主體中。

iPad SLEEVE

iPad保護套 page 08

原尺寸紙型 A面 4

[主體、口袋]

・完成尺寸
W21.8×H15cm

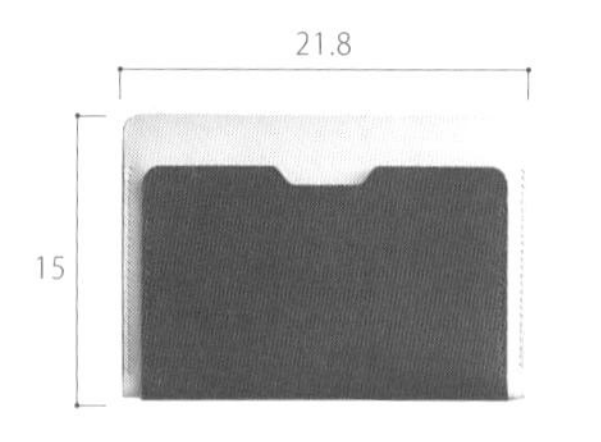

材料

主體：原色植鞣牛皮1.2mm…約24×32cm1片（約8DS）
口袋：.URUKUST牛皮（黑色）1.6mm…約22×27cm1片（約6DS）
麻線（黑色・白色）…適量

基本工具

美工刀、30cm方眼尺、塑膠板、錐子、銼刀、皮革背面處理劑、打磨棒、銀筆、強力膠、刮刀、橡膠板、木槌、針、手縫用蠟塊、剪線刀、木工用黏膠

其他工具

四孔菱斬（4mm）、圓斬10.5mm、皮邊染料、棉花棒、牙籤

※製作皮革小物的工具・材料在p.32～，基本工序在p.34～有詳細的說明。

1. 製作紙型、裁切皮革

先將皮革粗裁，進行背面處理之後，按照紙型的形狀進行細裁。

2. 染皮邊、打磨皮邊

口袋可應需求染皮邊，並打磨所有的皮邊。主體也要打磨過全部的皮邊。

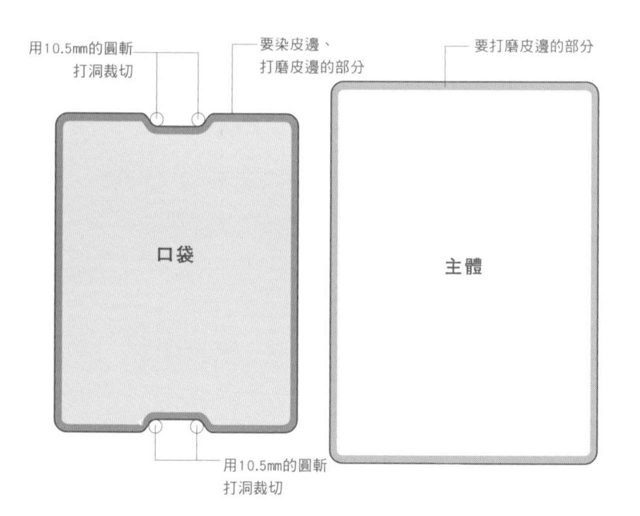

3. 做記號、劃線

按照紙型的標示，用錐子在皮革的正面打點、劃線。皮革的背面用銀筆做記號。

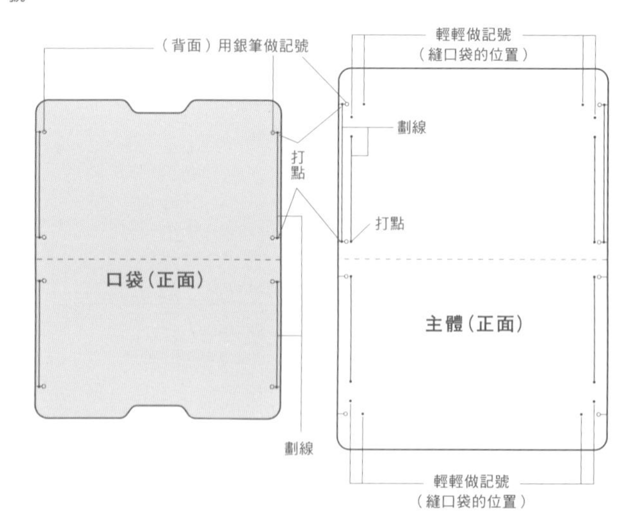

4. 把黏貼處刮粗

把主體（背面）、口袋（背面）的黏貼處和主體（正面）口袋的黏貼處刮粗。

5. 黏貼口袋

黏合口袋的縫份。在口袋（背面）和主體（正面）的黏貼處塗上強力膠，黏貼起來。

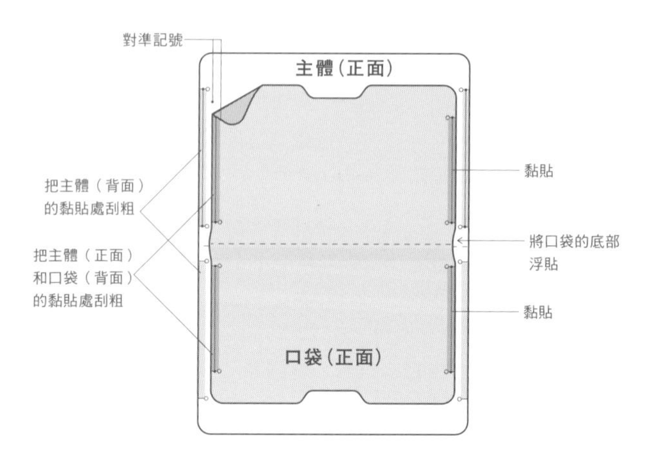

6. 打洞後縫合

口袋（正面）用四孔菱斬沿著事先以錐子劃好的線打洞，縫合主體和口袋。兩端都要縫1針回針縫。

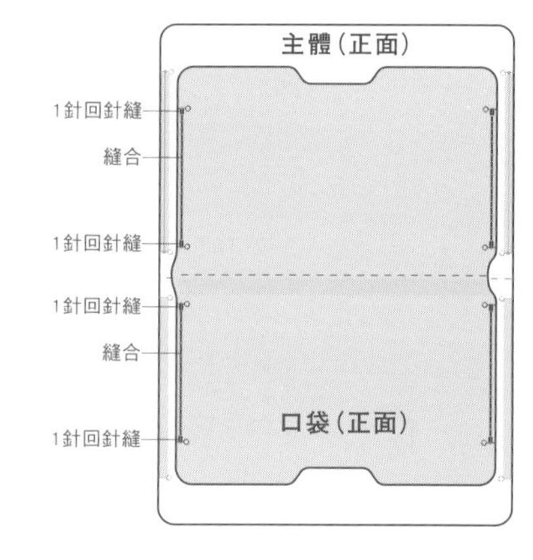

PEN SLEEVE

觸控筆套 page 08

原尺寸紙型 A面 5

[主體、口袋]

・完成尺寸
W4.7×H17cm

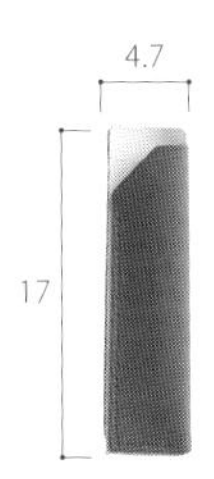

材料

主體：原色植鞣牛皮1.2mm…約6.5×19cm1片（約1.3DS）
口袋：.URUKUST牛皮（褐色）1.6mm…約11×18cm1片（約2DS）
麻線（棕色）…適量

基本工具

美工刀、30cm方眼尺、塑膠板、錐子、銼刀、皮革背面處理劑、打磨棒、銀筆、強力膠、刮刀、橡膠板、木槌、針、手縫用蠟塊、剪線刀、木工用黏膠

其他工具

四孔菱斬（4mm）、皮邊染料、棉花棒

※製作皮革小物的工具・材料在p.32～，基本工序在p.34～有詳細的說明。

1. 製作紙型、裁切皮革

先將皮革粗裁，進行背面處理之後，按照紙型的形狀進行細裁。

2. 染皮邊、打磨皮邊

口袋可應需求染皮邊，並打磨所有的皮邊。主體也要打磨過全部的皮邊。

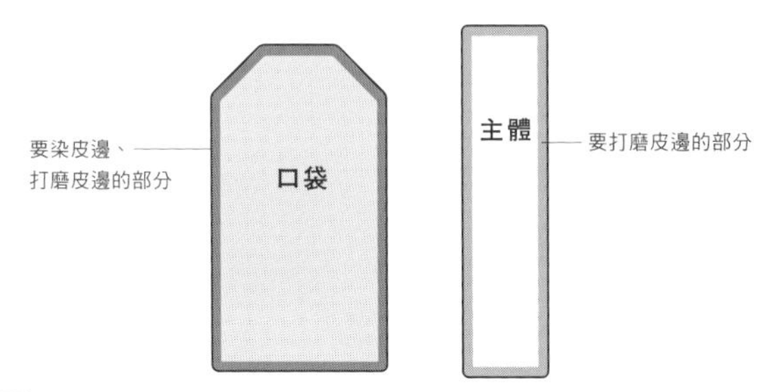

3. 做記號、劃線

按照紙型的標示，用錐子在主體的正面、背面和口袋的正面打點、劃線。口袋的背面用銀筆做記號。

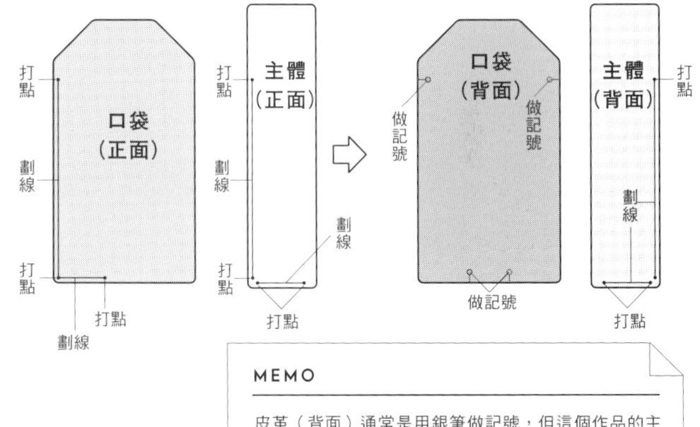

MEMO

皮革（背面）通常是用銀筆做記號，但這個作品的主體（背面）用錐子劃線，成品較為美觀。

4. 把黏貼處刮粗

把主體（正面・背面）和口袋（背面）的黏貼處刮粗。

5. 黏貼

黏合主體和口袋。在主體（正面・背面）和口袋（背面）的黏貼處塗上強力膠，黏貼起來。

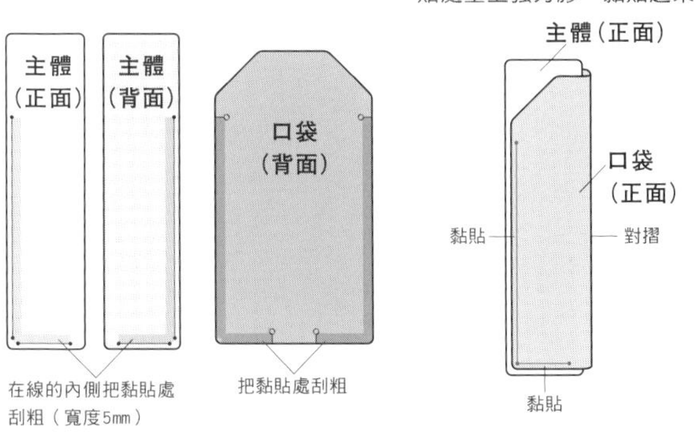

6. 打洞後縫合

用四孔菱斬沿著事先以錐子劃好的線打洞，縫合口袋。兩端都要縫1針回針縫。

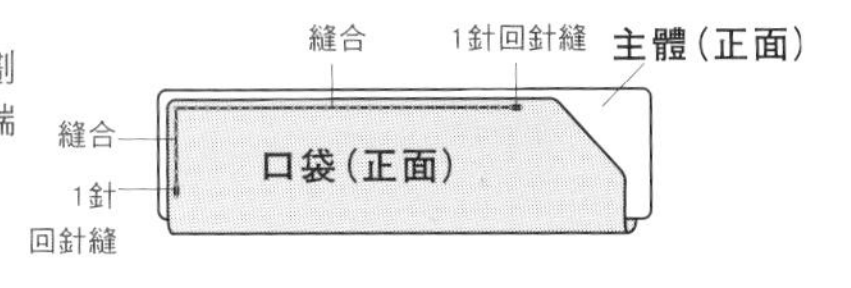

接續p.56

7. 黏合主體的縫份，打洞後縫合

在主體（背面）的黏貼處塗上強力膠，黏貼起來。用四孔菱斬沿著事先以錐子劃好的線打洞，然後縫合。兩端都要縫1針回針縫。

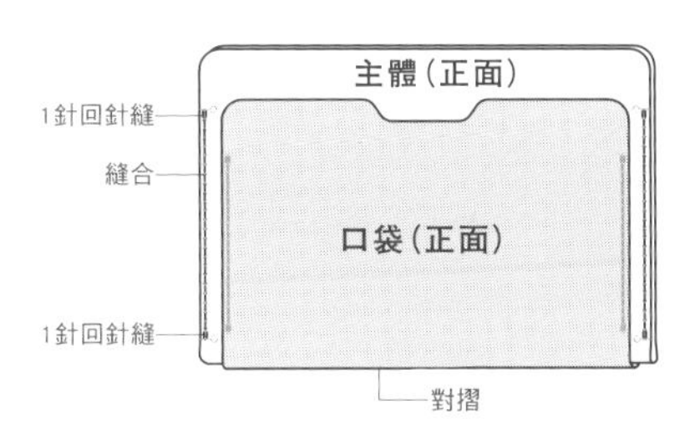

COIN CASE A

零錢包A　page 10

原尺寸紙型 p.59 6

［前片、後片］

・完成尺寸
W8×H6cm

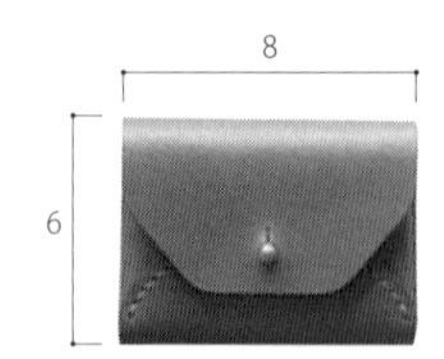

材料

前片：義大利皮革（灰色）1.6mm…約22×8cm1片（約1.8DS）
後片：義大利皮革（灰色）1.6mm…約10×17cm1片（約1.7DS）
黃銅原子釦〈極小5mm〉…1個
麻線（亞麻色）…適量

基本工具

美工刀、30cm方眼尺、塑膠板、錐子、銼刀、皮革背面處理劑、打磨棒、銀筆、強力膠、刮刀、橡膠板、木槌、針、手縫用蠟塊、剪線刀、木工用黏膠

其他工具

單孔菱斬（4mm）、四孔菱斬（4mm）、圓斬2.4mm・3.6mm、雙面膠帶3mm

※製作皮革小物的工具・材料在p.32～，基本工序在p.34～，安裝金屬零件的方法在p.46～有詳細的說明。

1. 製作紙型、裁切皮革

先將皮革粗裁，進行背面處理之後，按照紙型的形狀進行細裁。用圓斬打好2個原子釦用的孔洞，在3.6mm的孔洞劃開一道切口。

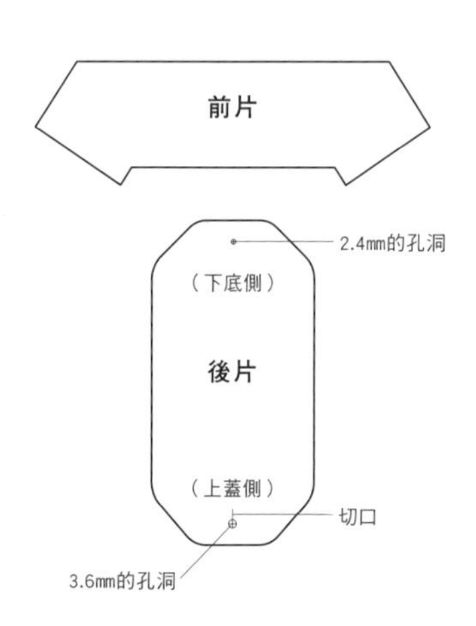

2. 打磨皮邊

打磨黏貼處以外的皮邊。

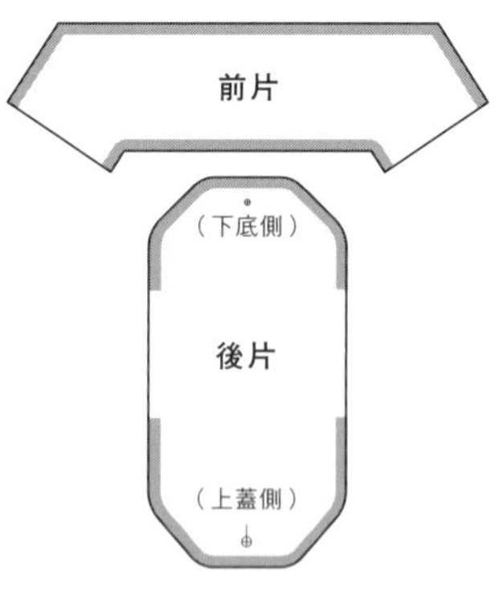

3. 做記號、劃線，安裝原子釦

按照紙型的標示，用錐子在皮革的正面打點、劃線。皮革的背面用銀筆做記號。安裝原子釦（參照p.46）。

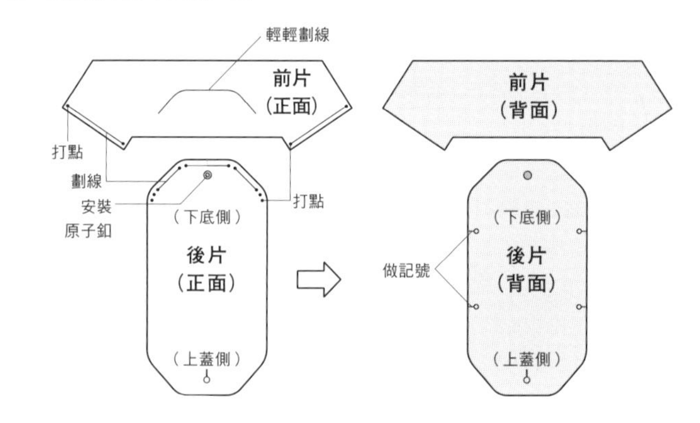

4. 對齊下底，打洞後縫合

將前片和後片用雙面膠帶貼合，接著用四孔菱斬沿著事先以錐子劃好的線打洞。轉彎處的點用單孔菱斬打洞，然後縫合。兩端都要縫1針回針縫。

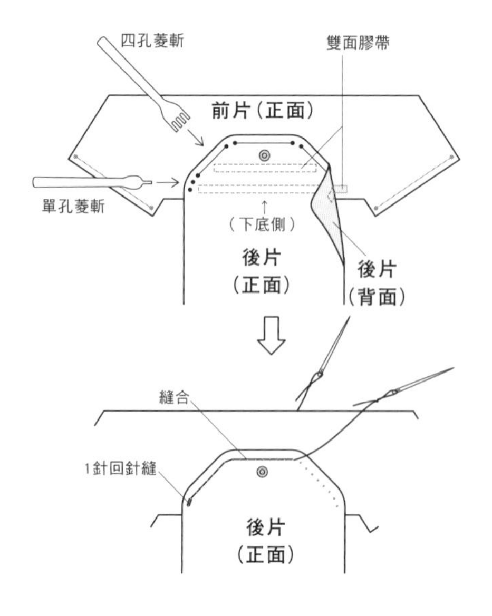

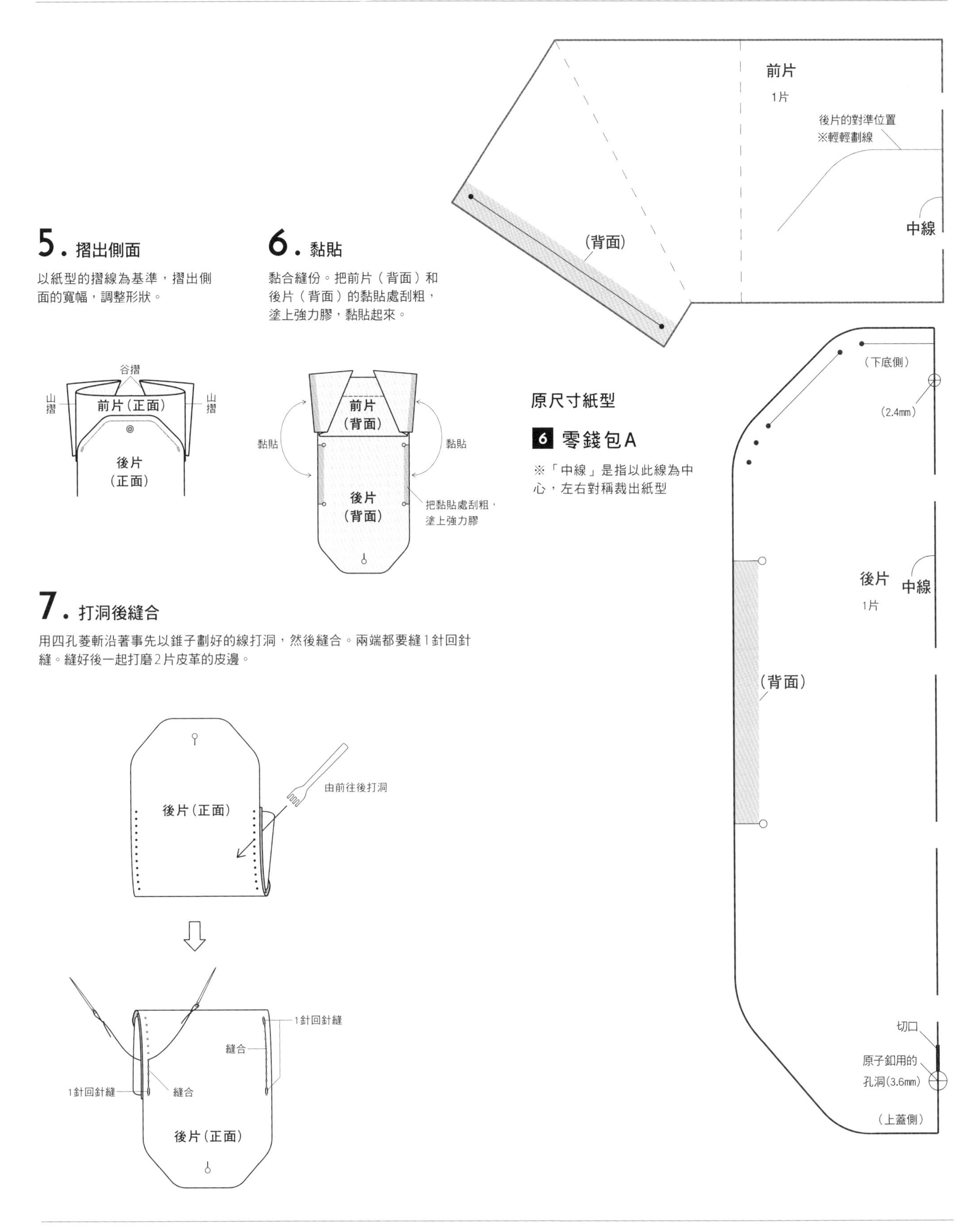

5. 摺出側面

以紙型的摺線為基準，摺出側面的寬幅，調整形狀。

6. 黏貼

黏合縫份。把前片（背面）和後片（背面）的黏貼處刮粗，塗上強力膠，黏貼起來。

7. 打洞後縫合

用四孔菱斬沿著事先以錐子劃好的線打洞，然後縫合。兩端都要縫1針回針縫。縫好後一起打磨2片皮革的皮邊。

原尺寸紙型

6 零錢包A

※「中線」是指以此線為中心，左右對稱裁出紙型

CARD CASE D

票卡夾D　page 10

原尺寸紙型 A面 7
［前片、後片］

・完成尺寸
W11×H8cm

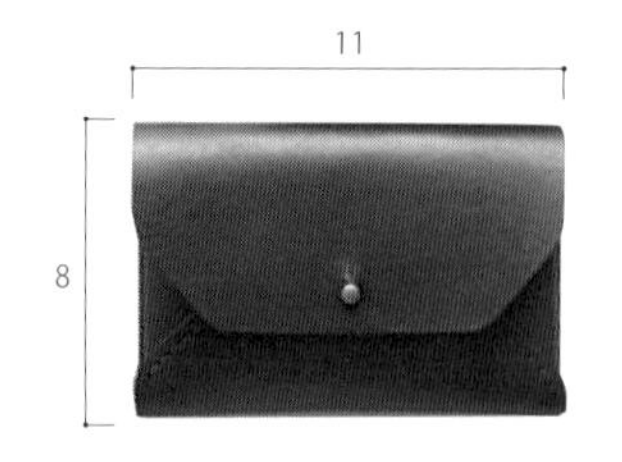

材料
前片：義大利皮革（黑色）1.6mm…約36×8cm1片（約3DS）
後片：義大利皮革（黑色）1.6mm…約13×21cm1片（約3DS）
黃銅原子釦〈極小5mm〉…1個
麻線（黑色）…適量

基本工具
美工刀、30cm方眼尺、塑膠板、錐子、銼刀、皮革背面處理劑、打磨棒、銀筆、強力膠、刮刀、橡膠板、木槌、針、手縫用蠟塊、剪線刀、木工用黏膠

其他工具
單孔菱斬（4mm）、四孔菱斬（4mm）、圓斬2.4mm・3.6mm、雙面膠帶3mm

※製作皮革小物的工具・材料在p.32～，基本工序在p.34～，安裝金屬零件的方法在p.46～有詳細的說明。

1. 製作紙型、裁切皮革
先將皮革粗裁，進行背面處理之後，按照紙型的形狀進行細裁。用圓斬打好2個原子釦用的孔洞，在3.6mm的孔洞劃開一道切口。

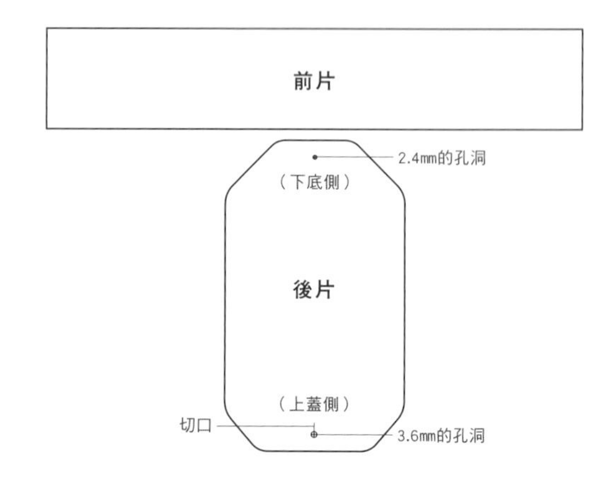

2. 打磨皮邊
打磨黏貼處以外的皮邊。

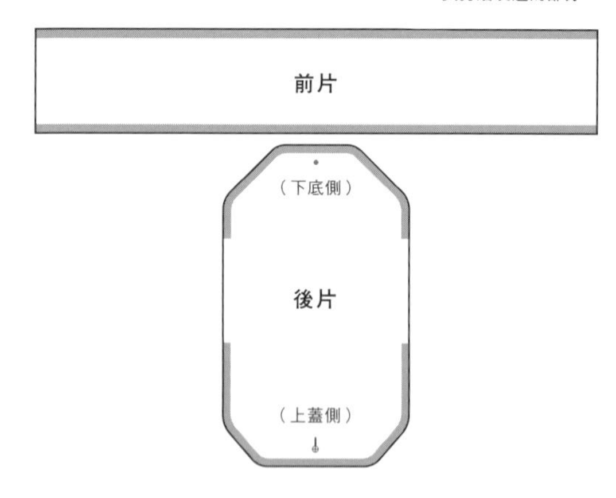

3. 做記號、劃線，安裝原子釦
按照紙型的標示，用錐子在皮革的正面打點、劃線。皮革的背面用銀筆做記號。安裝原子釦（參照p.46）。

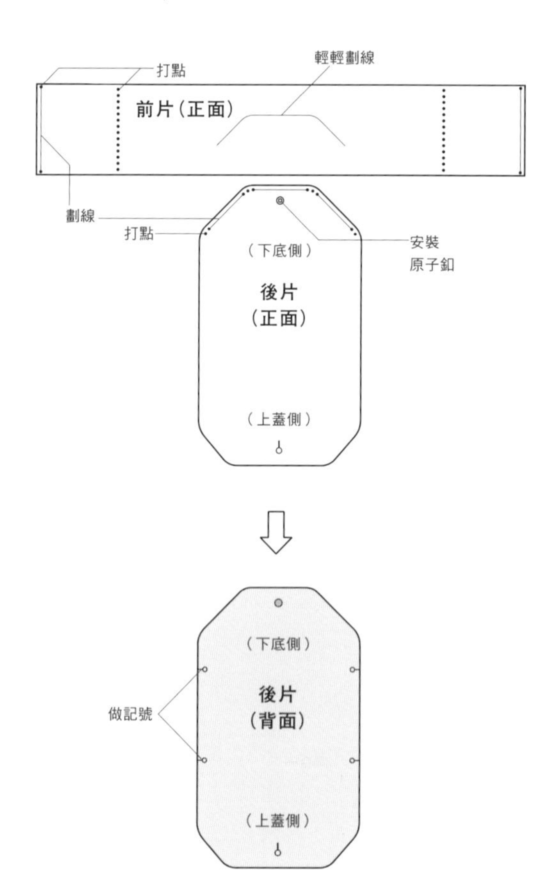

4. 對齊下底，打洞後縫合

對準事先用錐子打好的點，用四孔菱斬在前片的★部分打洞。再以雙面膠帶貼合前片和後片，用四孔菱斬沿著事先以錐子劃好的線打洞，轉彎處用單孔菱斬打洞，然後縫合。兩端都要縫1針回針縫。

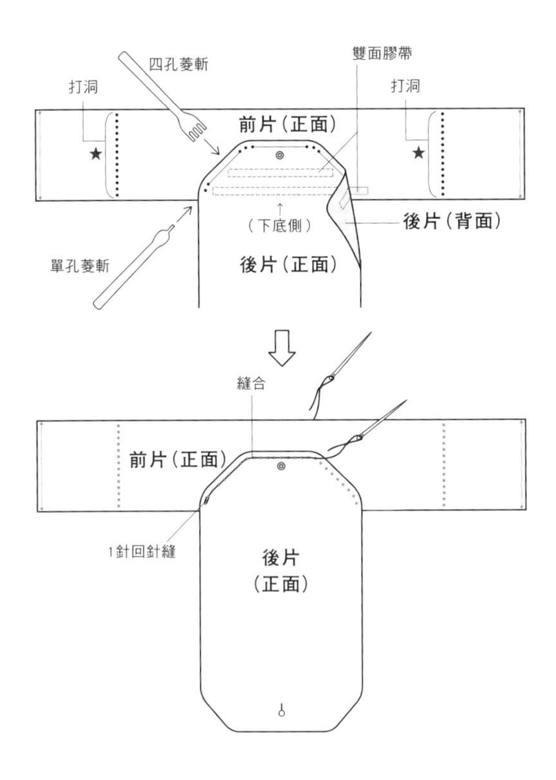

5. 縫合夾層

將前片的正面朝外彎摺，對齊**4.**打好的洞，縫合夾層的部分。兩端都要縫1針回針縫。

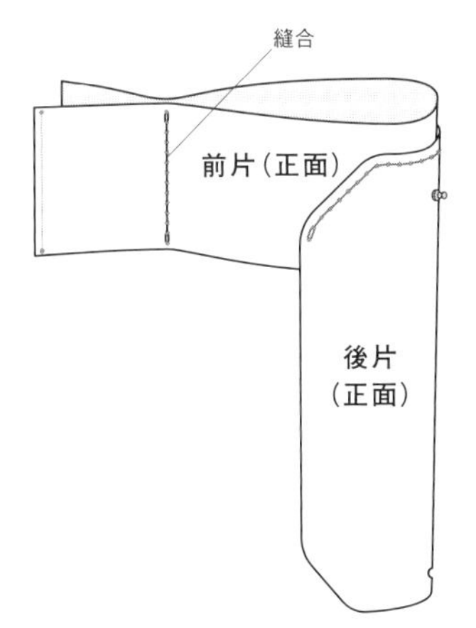

6. 黏合縫份

把前片（背面）和後片（背面）的黏貼處刮粗，塗上強力膠，黏貼起來。

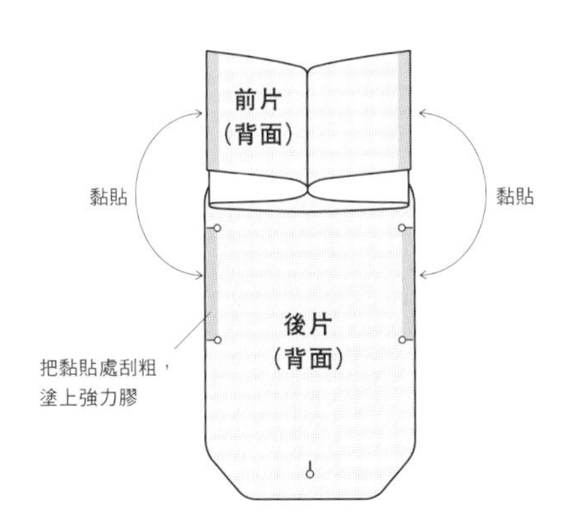

7. 打洞後縫合

用四孔菱斬沿著事先以錐子劃好的線打洞，然後縫合。兩端都要縫1針回針縫。縫好後一起打磨2片皮革的皮邊。

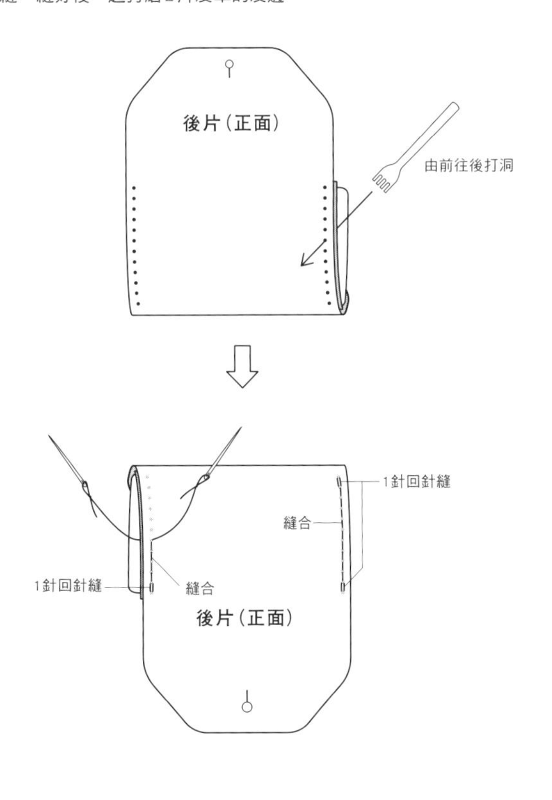

GLASSES CASE

眼鏡盒 page 12

原尺寸紙型 A面 8

［前片、後片、眼鏡架組件］

・完成尺寸
W17×H7.5cm

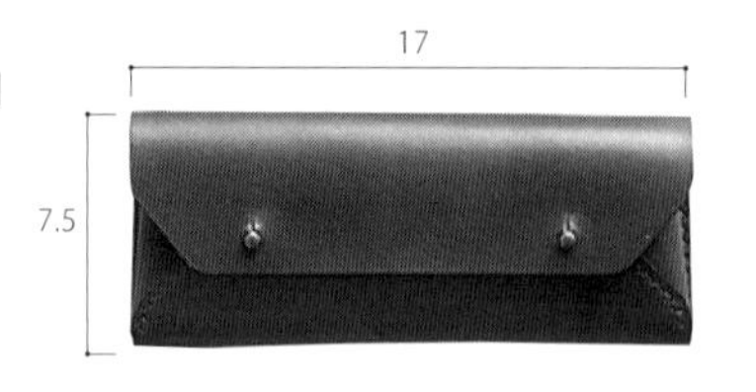

材料

前片・眼鏡架組件：義大利皮革（綠色）1.6mm…約28×11cm1片（約3DS）
後片：義大利皮革（綠色）1.6mm…約19×20cm1片（約4DS）
黃銅原子釦〈極小5mm〉…2個
麻線（綠色）…適量

基本工具

美工刀、30cm方眼尺、塑膠板、錐子、鉎刀、皮革背面處理劑、打磨棒、銀筆、強力膠、刮刀、橡膠板、木槌、針、手縫用蠟塊、剪線刀、木工用黏膠

其他工具

單孔菱斬（4mm）、四孔菱斬（4mm）、圓斬2.4mm・3.6mm、雙面膠帶3mm

※製作皮革小物的工具・材料在p.32～，基本工序在p.34～，安裝金屬零件的方法在p.46～有詳細的說明。

1. 製作紙型、裁切皮革

先將皮革粗裁，進行背面處理之後，按照紙型的形狀進行細裁。用圓斬打好4個原子釦用的孔洞，各在3.6mm的孔洞劃開一道切口。

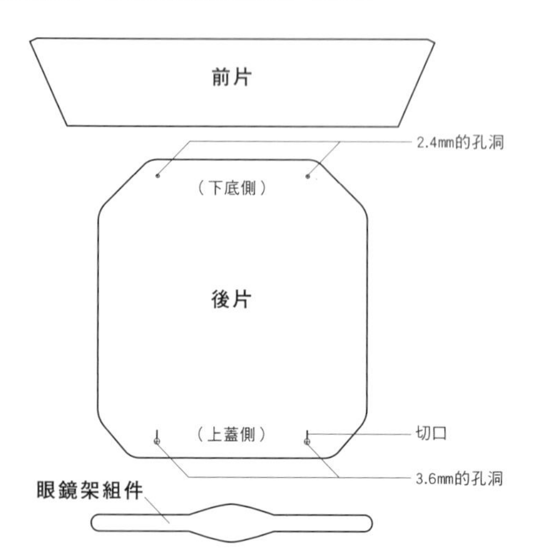

2. 打磨皮邊

打磨黏貼處以外的皮邊。

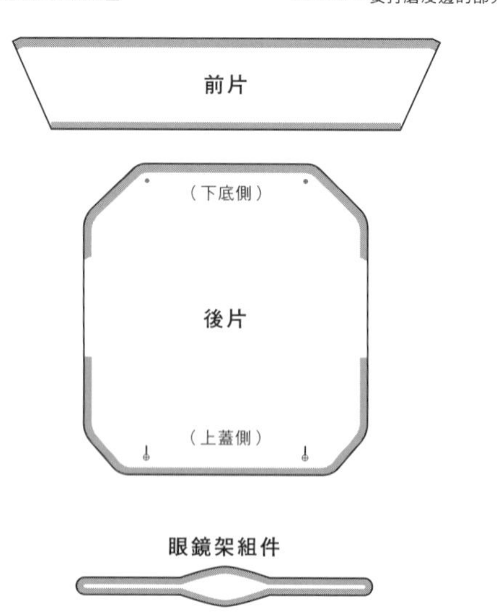

3. 做記號、劃線，安裝原子釦

按照紙型的標示，用錐子在皮革的正面打點、劃線。皮革的背面用銀筆做記號。安裝原子釦（參照p.46）。

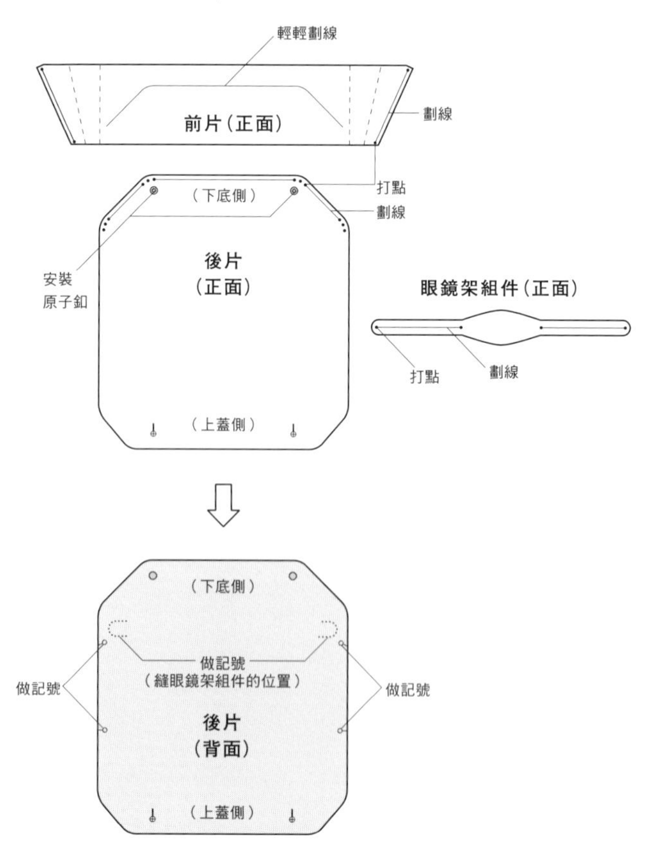

4. 對齊下底，打洞後縫合

將前片和後片用雙面膠帶貼合，用四孔菱斬沿著事先以錐子劃好的線打洞，轉彎處的點用單孔菱斬打洞，然後縫合。兩端都要縫1針回針縫。

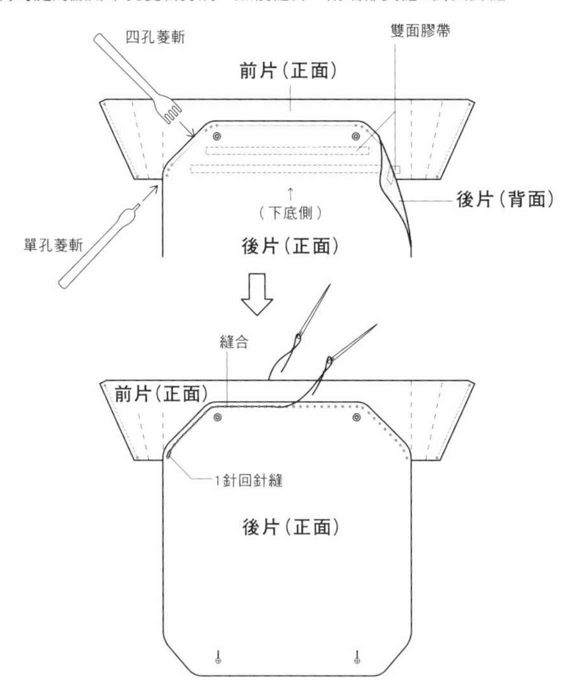

5. 縫上眼鏡架組件

對準記號，用雙面膠帶貼上眼鏡架組件，再用四孔菱斬沿著事先以錐子劃好的線打洞，然後縫合。兩端都要縫1針回針縫。

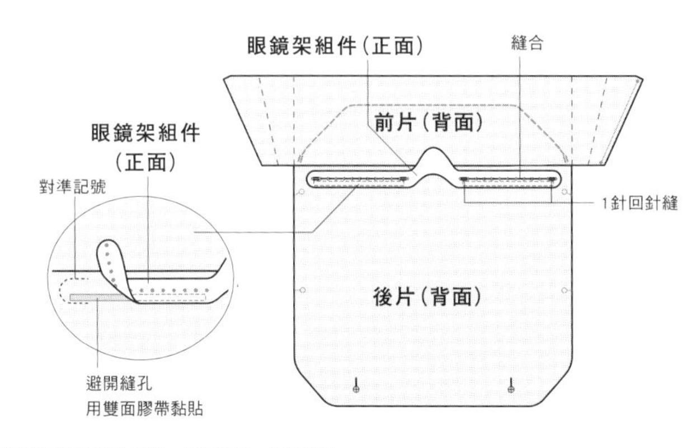

雖然眼鏡架組件比較細，不易裁切，但還是要堅持下去，仔細裁切喔。

6. 摺出側面

以紙型的摺線為基準，摺出側面的寬幅，調整形狀。

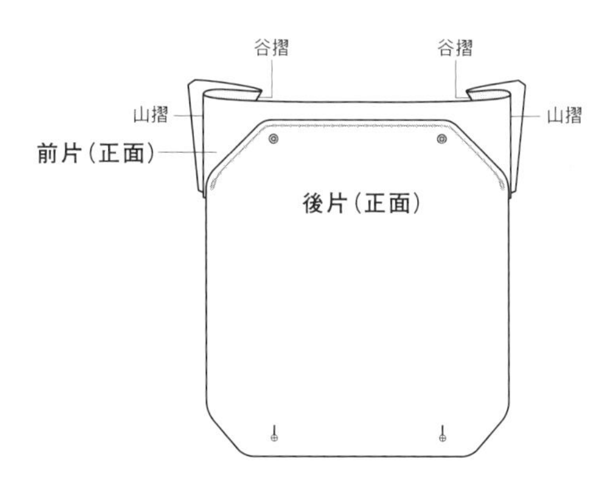

7. 黏合縫份

把前片（背面）和後片（背面）的黏貼處刮粗，塗上強力膠，黏貼起來。

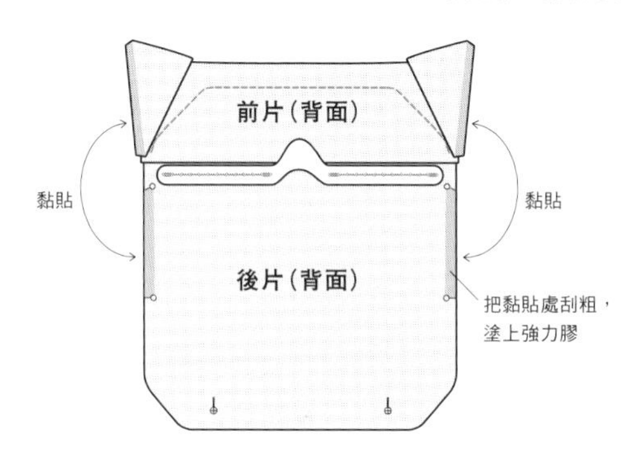

8. 打洞後縫合

用四孔菱斬沿著事先以錐子劃好的線打洞，然後縫合。兩端都要縫1針回針縫。縫好後一起打磨2片皮革的皮邊。

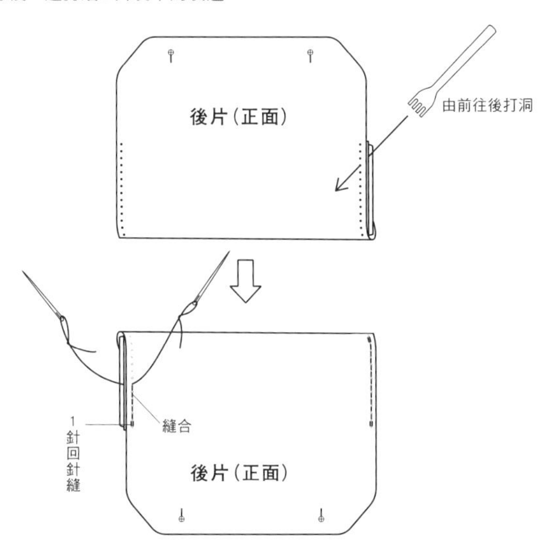

CLUTCH BAG

手拿包 page 14

原尺寸紙型 A面 9

［前片、後片、流蘇］
※流蘇的紙型在p.65

・完成尺寸
W32×H33cm（不含流蘇）

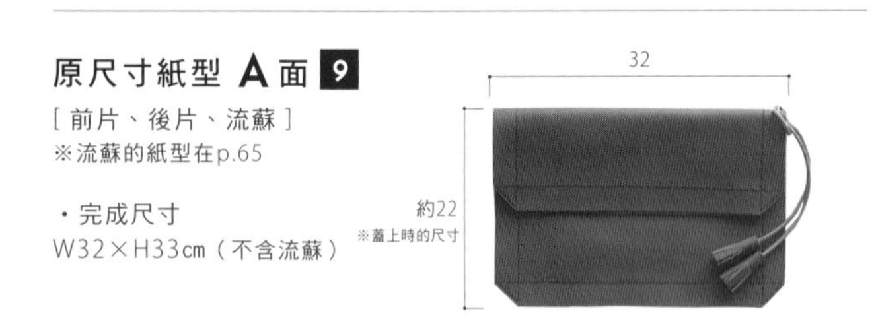

材料

主體：.URUKUST原創半成品牛皮（深棕色）1.6mm…約35×36cm2片（約26DS）
流蘇：.URUKUST原創半成品牛皮（深棕色）1.6mm…約12×8cm2片（約2DS）
皮繩：圓皮繩（原色）4mm…50cm
麻線（深棕色）…適量

基本工具

美工刀、30cm方眼尺、塑膠板、錐子、銼刀、皮革背面處理劑、打磨棒、銀筆、強力膠、刮刀、橡膠板、木槌、針、手縫用蠟塊、剪線刀、木工用黏膠

其他工具

單孔菱斬（4mm）、四孔菱斬（4mm）、圓斬10.5mm、雙面膠帶3mm

※製作皮革小物的工具・材料在p.32～，基本工序在p.34～有詳細的說明。

1. 製作紙型、裁切皮革

先將皮革粗裁，進行背面處理之後，按照紙型的形狀進行細裁（此款皮革容易產生斑漬，所以不打磨皮邊）。

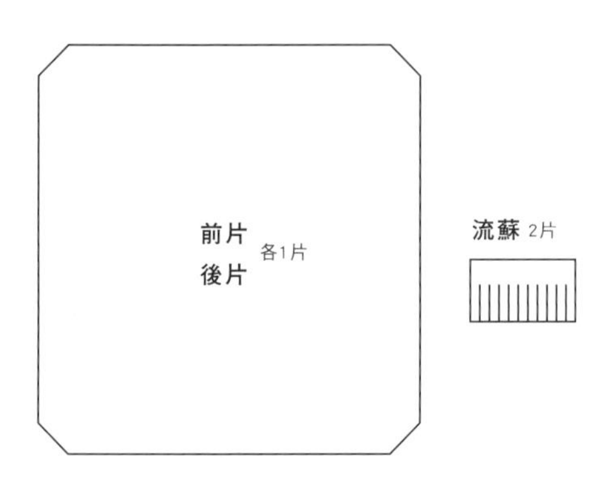

2. 做記號、劃線

按照紙型的標示，用錐子在皮革的正面打點、劃線。只在前片做穿皮繩的孔洞記號。

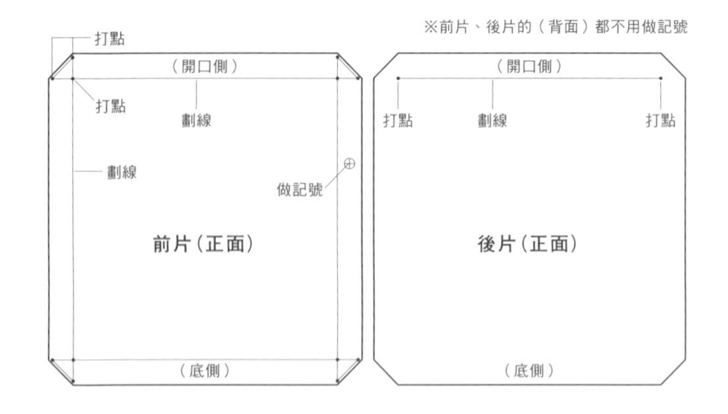

3. 在開口打洞，然後縫合

在前片開口側的一邊，用四孔菱斬沿著事先以錐子劃好的線打洞，單縫1片皮革。後片也同樣打洞，單縫1片皮革。兩端都要縫1針回針縫。

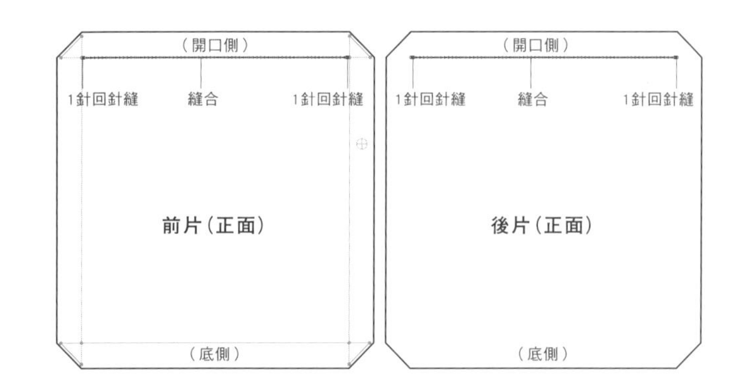

4. 黏合邊角

把前片（背面）和後片（背面）三角部分的黏貼處刮粗，塗上強力膠，將前片和後片的正面朝外，貼合邊角。兩邊和底部暫時以雙面膠帶固定。

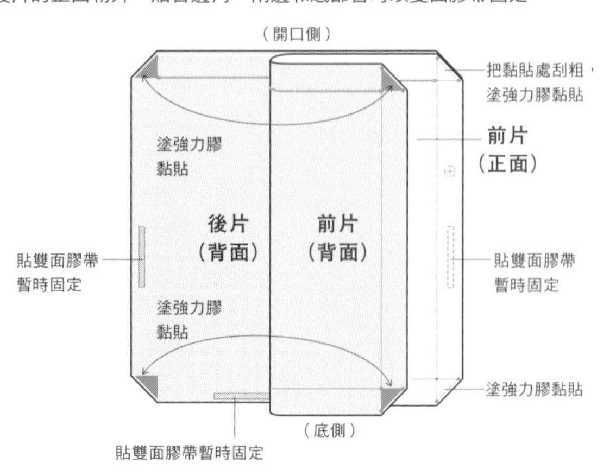

5. 在開口以外的部分打洞

在邊角的三角部分、兩側、底部，用四孔菱斬沿著事先以錐子劃好的線打洞。三角部分的孔洞，用四孔菱斬依①～③的順序打洞。

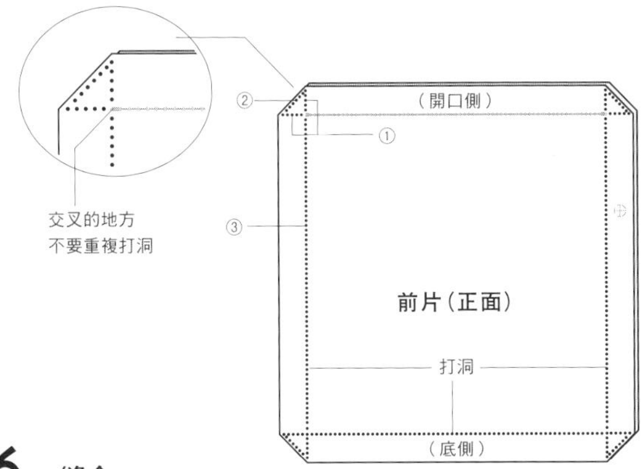

6. 縫合

從底部的中心往左右兩邊縫合。起針不用回縫，收針時縫2針回針縫。縫好之後，取下暫時固定用的雙面膠帶。

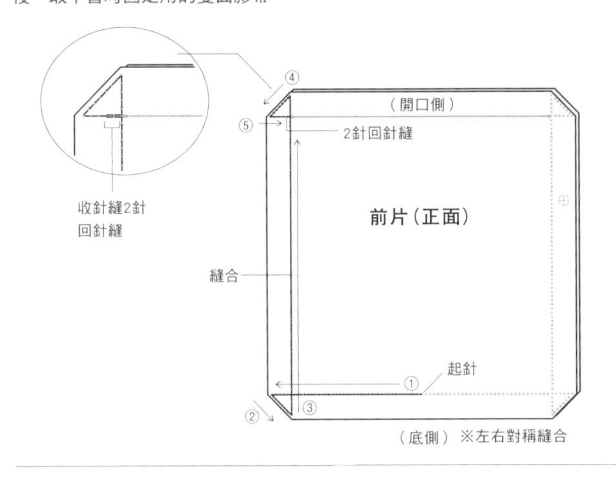

原尺寸紙型

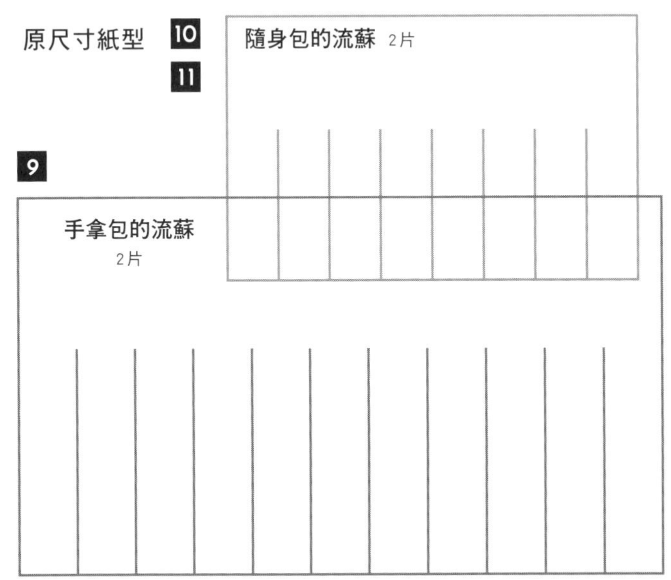

7. 穿入皮繩

穿繩的孔洞用圓斬從前片做記號的位置將2片皮革一起打洞，如圖穿過50cm的皮繩。

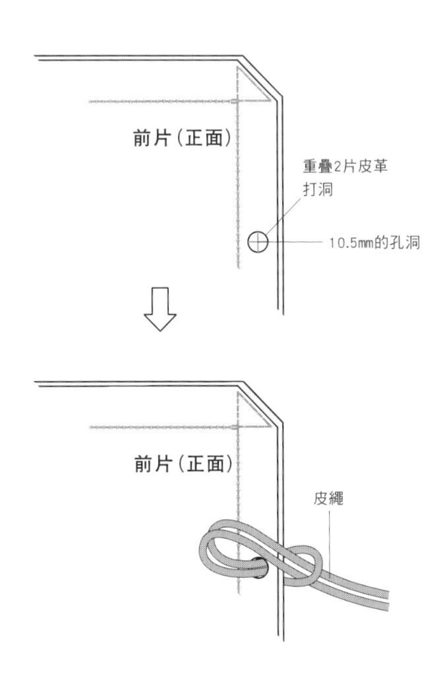

8. 製作流蘇

①分別用單孔菱斬在流蘇和皮繩上打2個洞，然後縫合。

②在流蘇（背面）的上半部塗上木工用黏膠，趁未乾時緊緊捲起來，壓住直到乾了才放開。

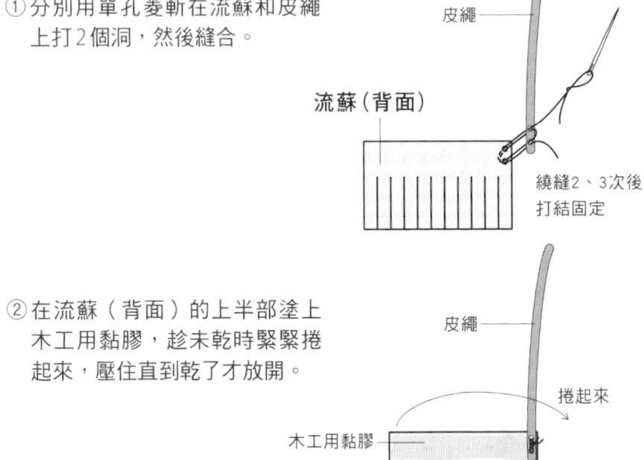

③皮繩的另一頭也以同樣的方式製作流蘇。

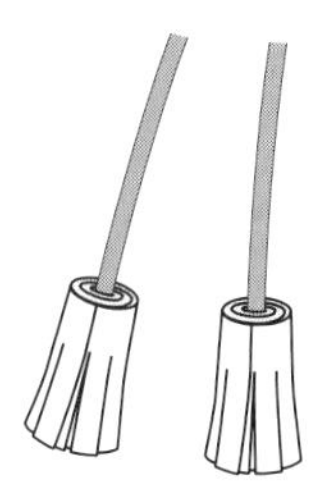

POUCH A, B

隨身包A、B　page 14

原尺寸紙型 A面 10

［主體、流蘇］
※流蘇的紙型在p.65

・完成尺寸
W20×H13.7cm（不含流蘇）

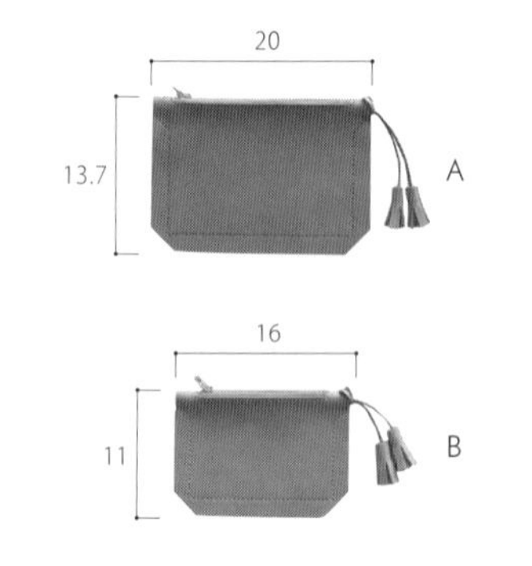

原尺寸紙型 A面 11

［主體、流蘇］
※流蘇的紙型在p.65

・完成尺寸
W16×H11cm（不含流蘇）

材料

隨身包A
主體：.URUKUST原創半成品牛皮（淺棕色）1.6mm…約23×30cm1片（約7DS）
流蘇：.URUKUST原創半成品牛皮（淺棕色）1.6mm…約8×6cm2片（約1DS）
皮繩：義大利皮繩（自然色）3mm…25cm
拉鍊〈3MG DFW 拉鍊〉（色號＃573）長16cm…1條
麻線（亞麻色）…適量

隨身包B
主體：.URUKUST原創半成品牛皮（淺褐色）1.6mm…約19×25cm1片（約5DS）
流蘇：.URUKUST原創半成品牛皮（淺褐色）1.6mm…約8×6cm2片（約1DS）
皮繩：義大利皮繩（自然色）3mm…19cm
拉鍊〈3MG DFW 拉鍊〉（色號＃573）長12cm…1條
麻線（白色）…適量

基本工具

美工刀、30cm方眼尺、塑膠板、錐子、銼刀、皮革背面處理劑、打磨棒、銀筆、強力膠、刮刀、橡膠板、木槌、針、手縫用蠟塊、剪線刀、木工用黏膠

其他工具

單孔菱斬（4mm）、四孔菱斬（4mm）、圓斬5.4mm・10.5mm、雙面膠帶3mm

※製作皮革小物的工具・材料在p.32～，基本工序在p.34～，安裝金屬零件的方法在p.46～有詳細的說明。

1. 製作紙型、裁切皮革

先將皮革粗裁，進行背面處理之後，按照紙型的形狀進行細裁。挖空拉鍊用的橢圓形孔洞（此款皮革容易產生斑漬，所以不打磨皮邊）。

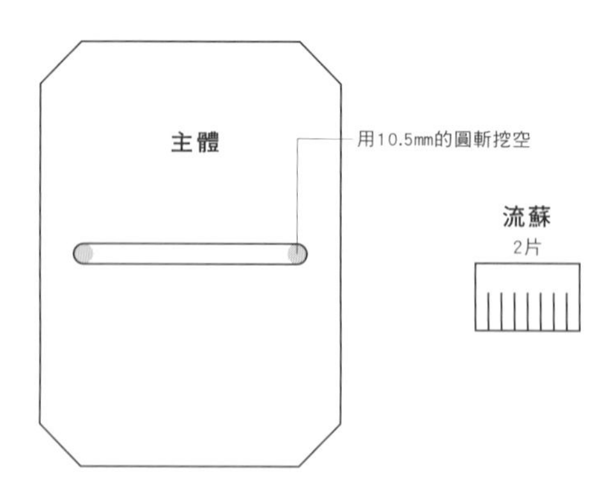

2. 做記號、劃線

按照紙型的標示，用錐子在皮革的正面打點、劃線。用圓斬打出穿皮繩用的孔洞。

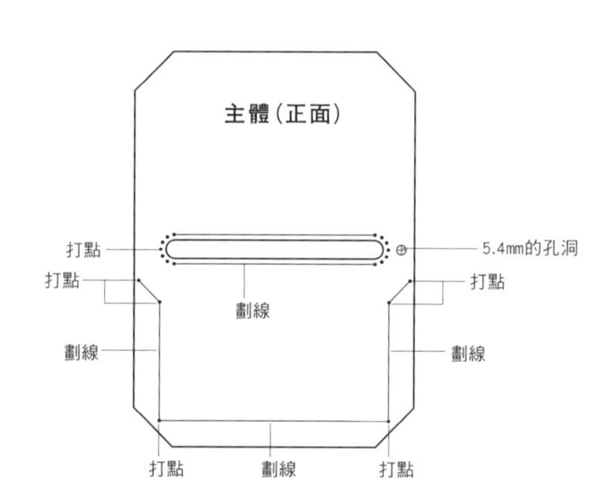

3. 在拉鍊周圍打洞

用菱斬沿著事先以錐子在拉鍊周圍劃好的線打洞（參照p.48）。

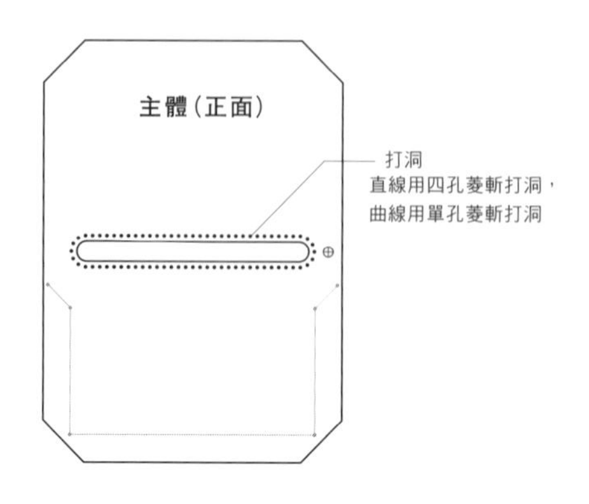

4. 縫上拉鍊

在主體的背面用雙面膠帶貼上拉鍊，沿著孔洞縫起來。收針時，連續2個針目回縫2針，從皮革的背面穿出2條線止縫。

※拉鍊以閉合的狀態貼上

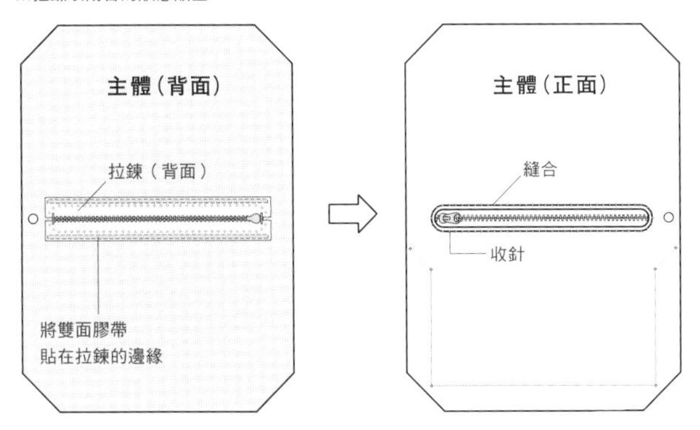

5. 暫時固定主體

將主體的正面朝外對摺，以雙面膠帶暫時固定。

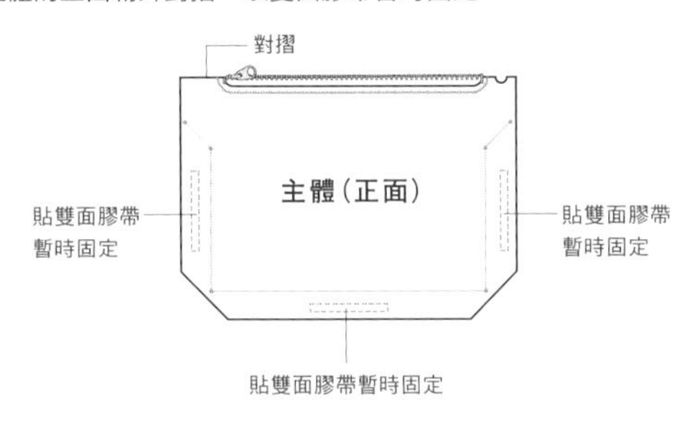

6. 打洞後縫合

用四孔菱斬沿著事先以錐子劃好的線打洞，然後縫合。兩端都要縫1針回針縫。縫好之後，取下暫時固定用的雙面膠帶。

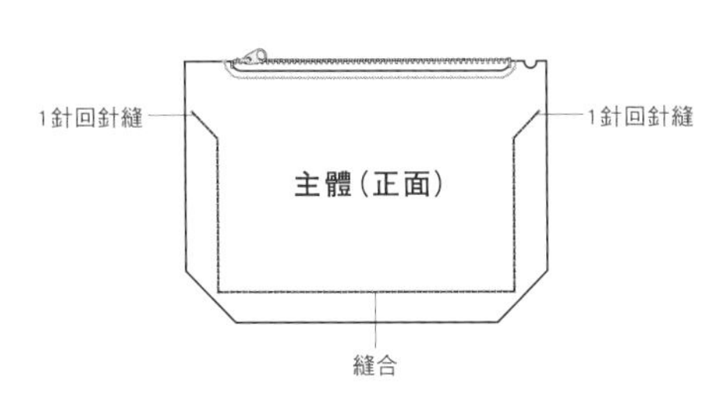

7. 繫上流蘇

將皮繩穿過皮革，在皮繩的兩頭製作流蘇。

※流蘇的作法請參照p.65

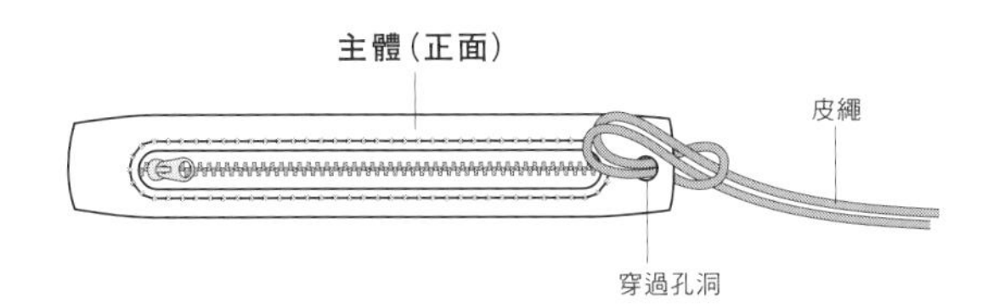

接續p.80

針套 page 29

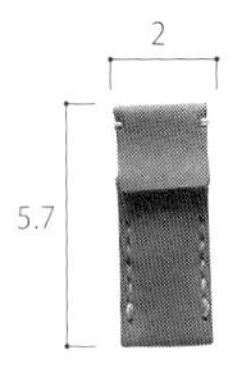

原尺寸紙型 B面 22

［主體］

・完成尺寸　W2×H5.7cm
※尺寸適用於長5.4cm的針
※針套的材料・工具在p.80

1. 製作紙型、裁切皮革

先將皮革粗裁，進行背面處理之後，按照紙型的形狀進行細裁。

2. 做記號、劃線

按照紙型的標示，用錐子在主體（正面）打點、劃線。用單孔菱斬打好所有的孔洞。主體（背面）用銀筆做記號。

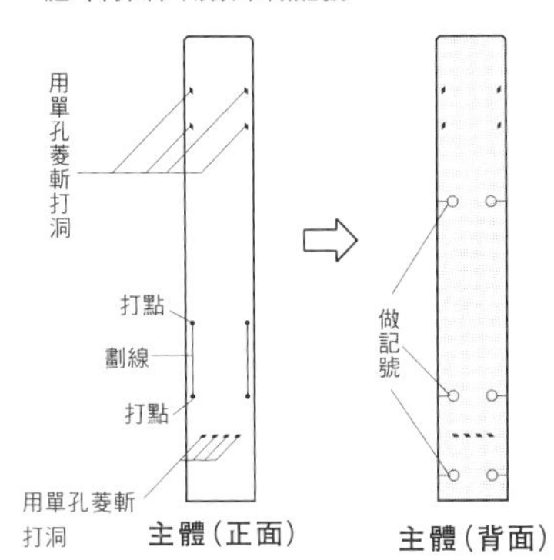

3. 黏合縫份

把黏貼處刮粗，塗上強力膠，黏貼起來。

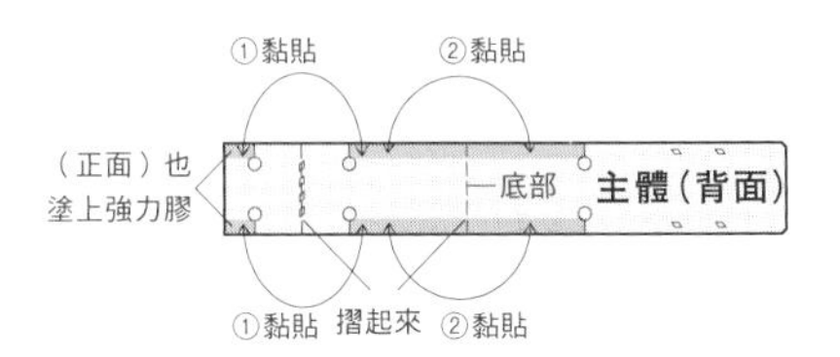

4. 打洞後縫合

用四孔菱斬沿著事先以錐子劃好的線打洞，然後縫合。上端起針時不用回縫，下端縫1針回針縫。

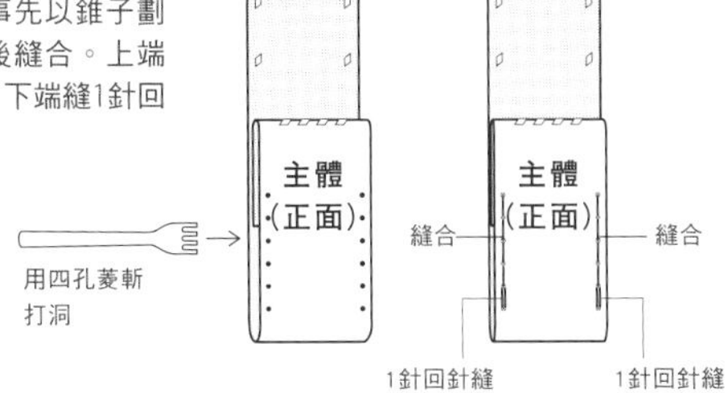

5. 打磨皮邊，縫合上蓋

打磨所有的皮邊，對齊上蓋用單孔菱斬打的洞，摺起縫合。

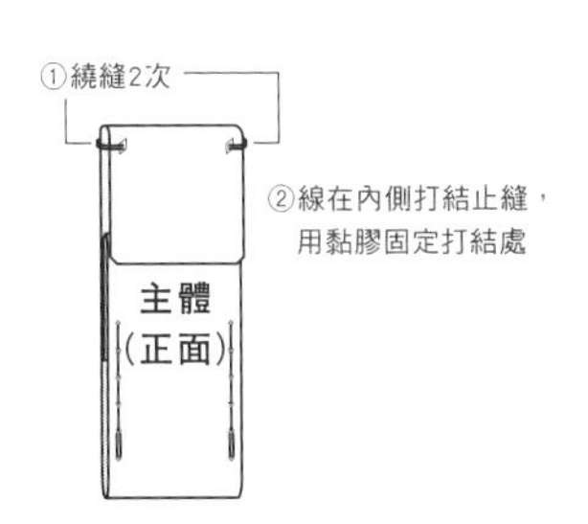

POUCH C

隨身包C　page 22

原尺寸紙型 B面 15

［前片、後片、蓋子］

・完成尺寸
W18×H12.5cm

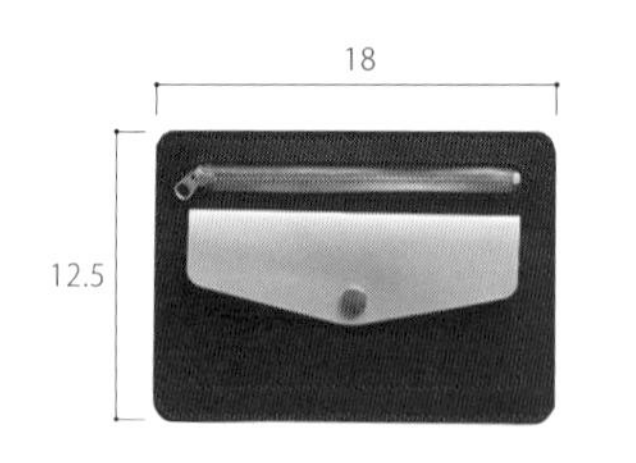

材料

蓋子：原色植鞣牛皮1.2mm…約18×15cm1片（約3DS）
前片・後片：.URUKUST牛皮（深棕色）1.6mm…約20×15cm2片（約6DS）
拉鍊〈3MG DFW 拉鍊〉（色號＃573）長14.5cm…1條
黃銅四合釦〈No.2（小）〉…1個
麻線（深棕色）…適量

基本工具

美工刀、30cm方眼尺、塑膠板、錐子、銼刀、皮革背面處理劑、打磨棒、銀筆、強力膠、刮刀、橡膠板、木槌、針、手縫用蠟塊、剪線刀、木工用黏膠

其他工具

單孔菱斬（4mm）、四孔菱斬（4mm）、圓斬2.4mm・4.5mm・10.5mm、四合釦工具組小no.2、金屬打釦台、雙面膠帶3mm、皮邊染料、棉花棒、牙籤

※製作皮革小物的工具・材料在p.32～，基本工序在p.34～，安裝金屬零件的方法在p.46～有詳細的說明。

1. 製作紙型、裁切皮革

先將皮革粗裁，進行背面處理之後，按照紙型的形狀進行細裁。用圓斬打好2個四合釦用的孔洞，挖空拉鍊用的橢圓形孔洞。

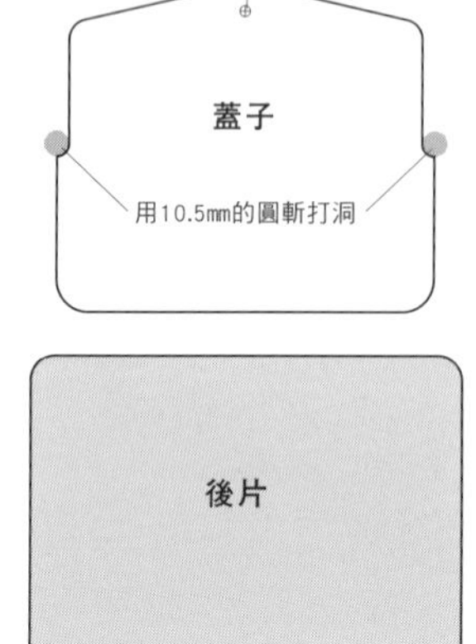

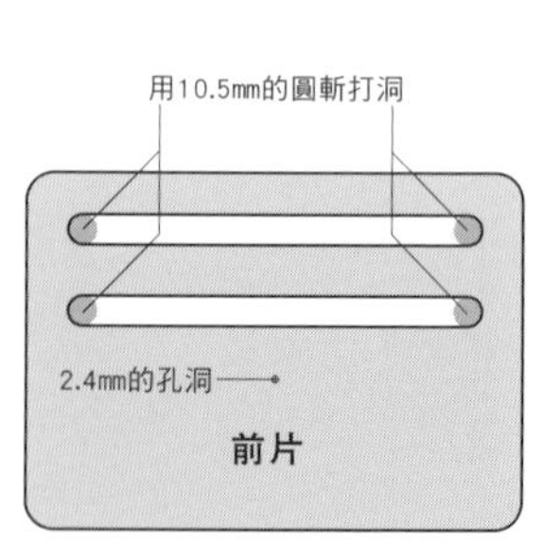

2. 染皮邊、打磨皮邊

前片和後片可應需求染皮邊，並打磨黏貼處以外的皮邊。蓋子也要打磨皮邊。

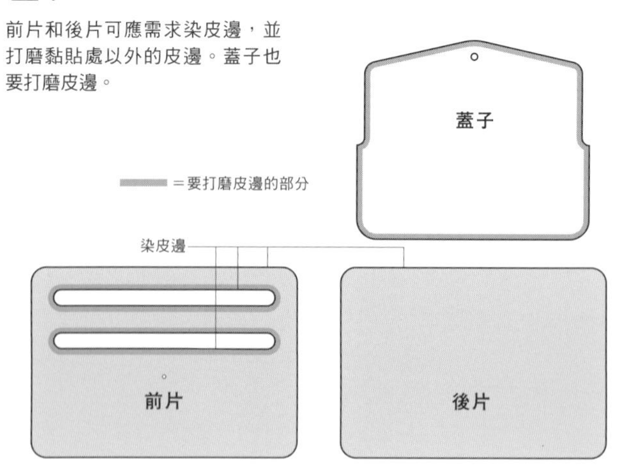

3. 做記號、劃線

按照紙型的標示，用錐子在前片（正面）打點、劃線。蓋子（背面）・前片（背面）用銀筆做記號。

※後片（正面・背面）、蓋子（正面）不用做記號

打點
劃線
劃線
前片（正面）
打點
劃線

蓋子（背面）
打點
劃線
打點

前片（背面）
做記號
（縫蓋子的位置）

4. 安裝四合釦

注意金屬零件的方向，安裝四合釦（參照p.46）。

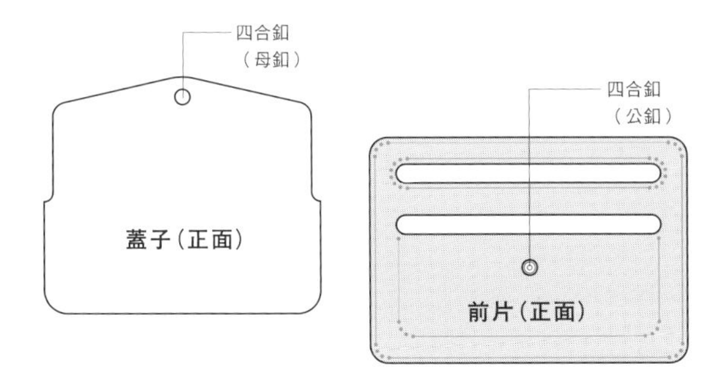

5. 在拉鍊周圍打洞

直線用四孔菱斬打洞，曲線用單孔菱斬打洞（參照p.48）。

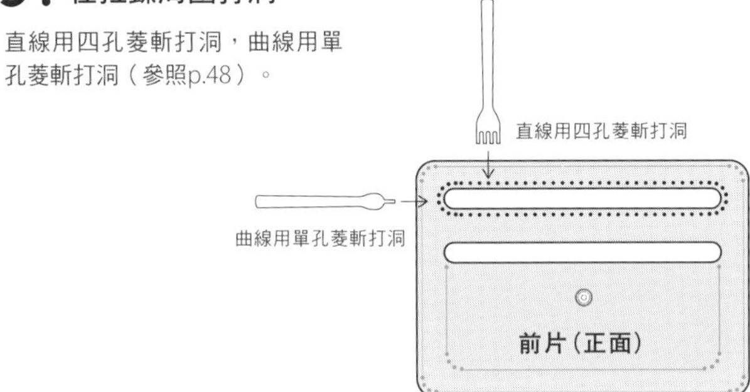

6. 縫上拉鍊

在前片（背面）用雙面膠帶貼上拉鍊，沿著孔洞縫起來。收針時，連續2個針目回縫2針，從皮革背面穿出2條線止縫。

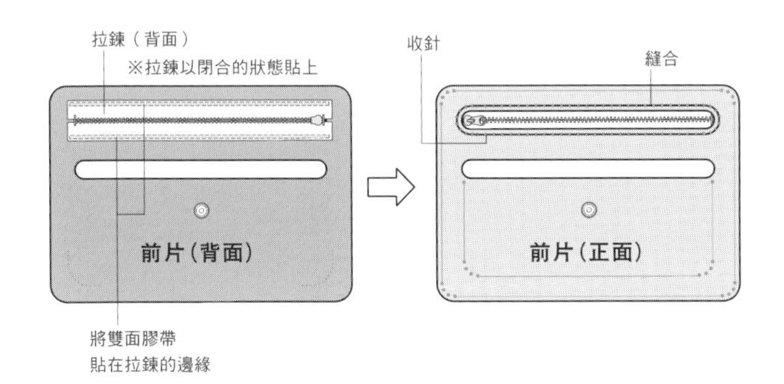

7. 縫上蓋子

將前片和蓋子用雙面膠帶貼住，沿著線打洞。直線用四孔菱斬打洞，曲線用單孔菱斬打洞。兩端都要縫1針回針縫。

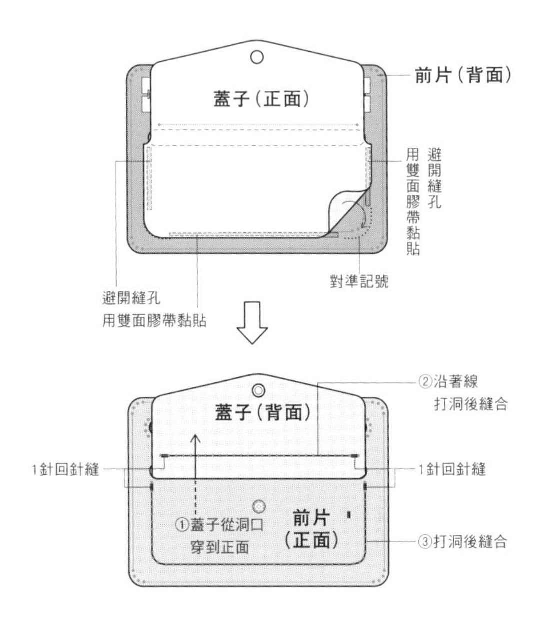

8. 黏合前後片的縫份，打洞後縫合

把前片（背面）和後片（背面）的黏貼處刮粗，塗上強力膠，黏貼起來，然後打洞縫合。

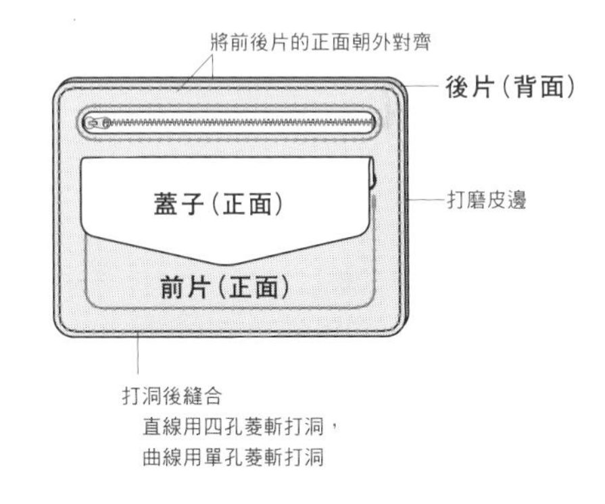

9. 打磨皮邊

縫好之後，一起打磨2片皮革的皮邊。

POUCH D

隨身包D　page 22

原尺寸紙型 B面 16

［主體、口袋、蓋子］

・完成尺寸
W18×H12.5cm

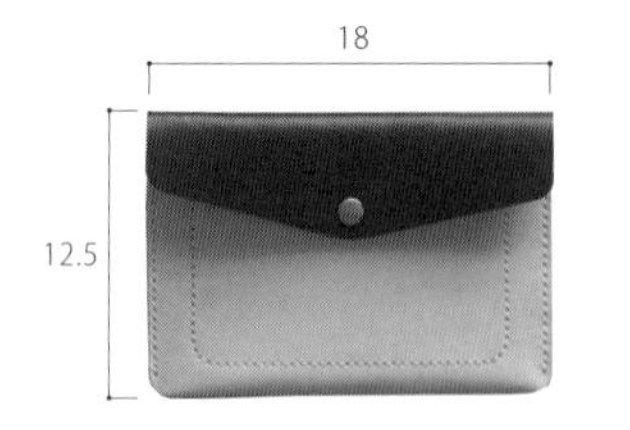

材料

蓋子：.URUKUST牛皮（黑色）1.6mm…約20×10cm1片（約2DS）
主體：原色植鞣牛皮1.2mm…約20×26cm1片（約5.5DS）
口袋：原色植鞣牛皮1.2mm…約17×12cm1片（約2DS）
黃銅四合釦〈No.2（小）〉…1個
麻線（白色・黑色）…適量

基本工具

美工刀、30cm方眼尺、塑膠板、錐子、銼刀、皮革背面處理劑、打磨棒、銀筆、強力膠、刮刀、橡膠板、木槌、針、手縫用蠟塊、剪線刀、木工用黏膠

其他工具

單孔菱斬（4mm）、四孔菱斬（4mm）、圓斬2.4mm・4.5mm・10.5mm、四合釦工具組小no.2、金屬打釦台、雙面膠帶3mm、皮邊染料、棉花棒

※製作皮革小物的工具・材料在p.32～，基本工序在p.34～，安裝金屬零件的方法在p.46～有詳細的說明。

1. 製作紙型、裁切皮革

先將皮革粗裁，進行背面處理之後，按照紙型的形狀進行細裁。用圓斬打好2個四合釦用的孔洞，挖空橢圓形的孔洞。

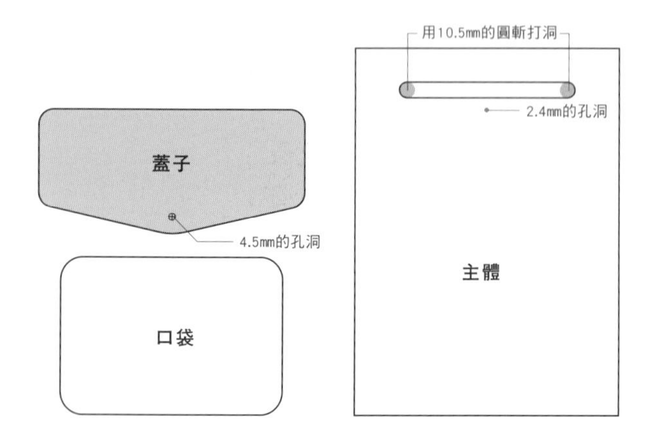

2. 染皮邊、打磨皮邊

蓋子可應需求染皮邊，並打磨皮邊。主體要打磨黏貼處以外的皮邊。口袋也要打磨皮邊。

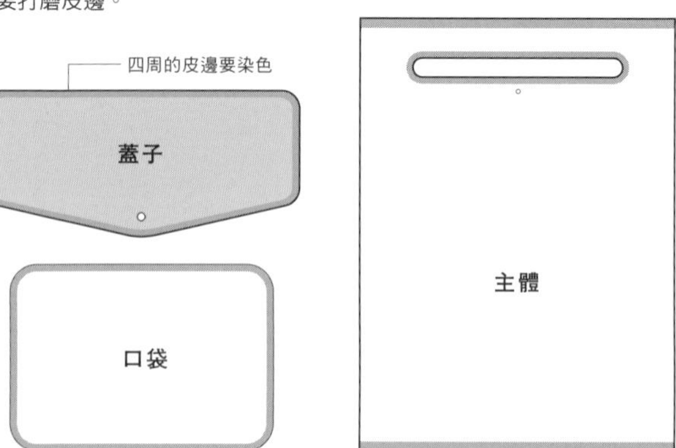

3. 做記號、劃線

按照紙型的標示，用錐子在皮革的正面打點、劃線。背面用銀筆做記號。

※口袋（正面・背面）和蓋子（背面）不用做記號

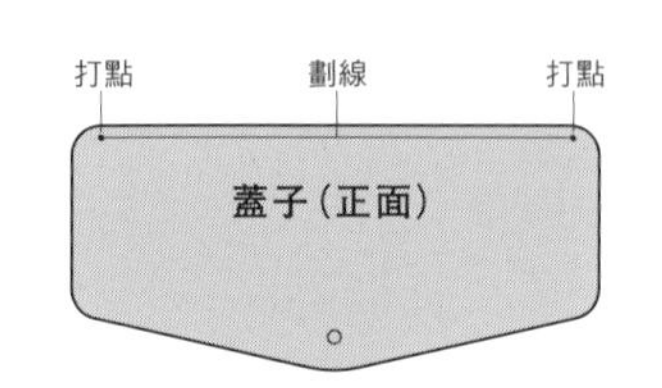

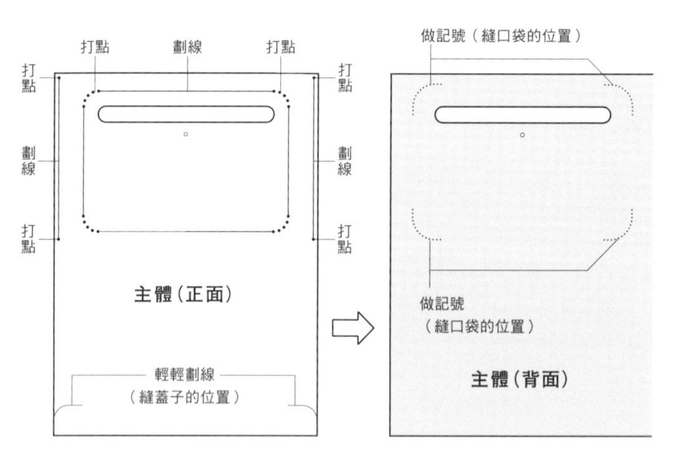

4. 安裝四合釦

注意金屬零件的方向，安裝四合釦（參照p.46）。

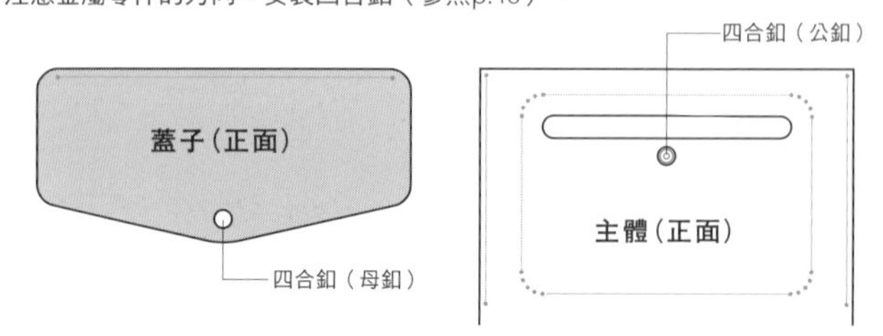

5. 貼上口袋

在口袋（正面）貼上雙面膠帶，對準主體（背面）的記號貼上。

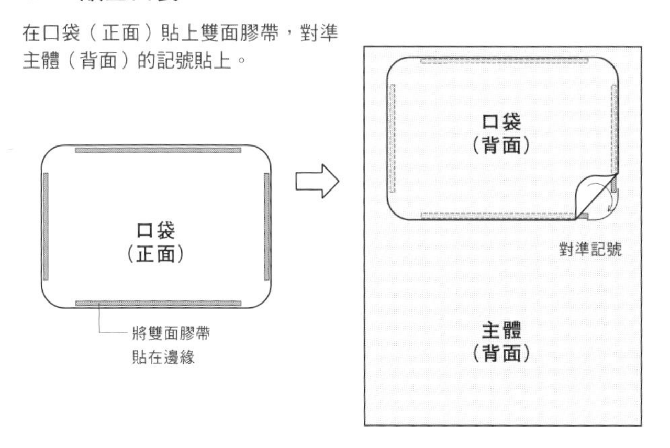

6. 打洞後縫合

將主體（正面）沿著事先以錐子劃好的線打洞，然後縫合。收針時，連續2個針目回縫2針，從皮革的背面穿出2條線止縫。

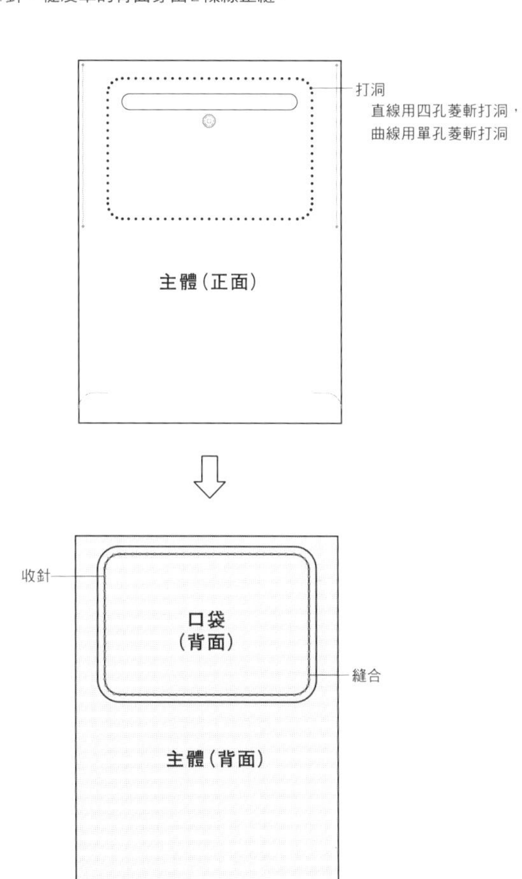

7. 縫上蓋子

在主體以雙面膠帶貼上蓋子，用四孔菱斬打洞後縫合。兩端都要縫1針回針縫。

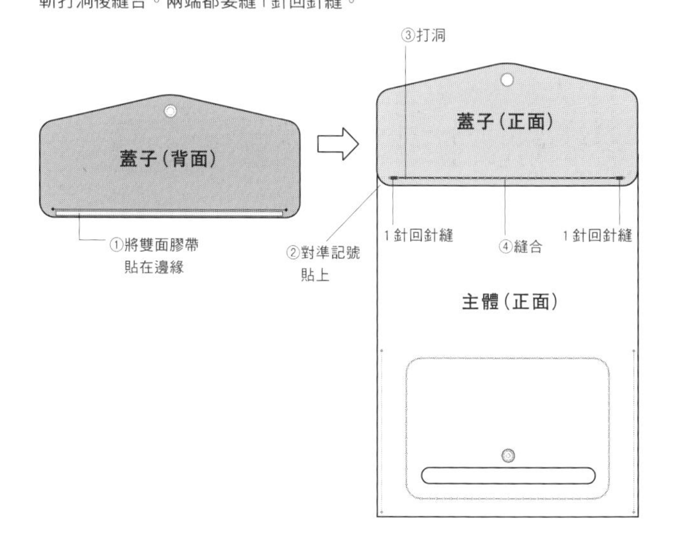

8. 黏合主體的縫份，打洞後縫合

把主體（背面）的黏貼處刮粗，塗上強力膠，將主體的正面朝外對摺，黏貼起來。用四孔菱斬沿著事先以錐子劃好的線打洞，然後縫合。兩端都要縫1針回針縫。

MEMO

在主體打洞時，記得要避開蓋子。

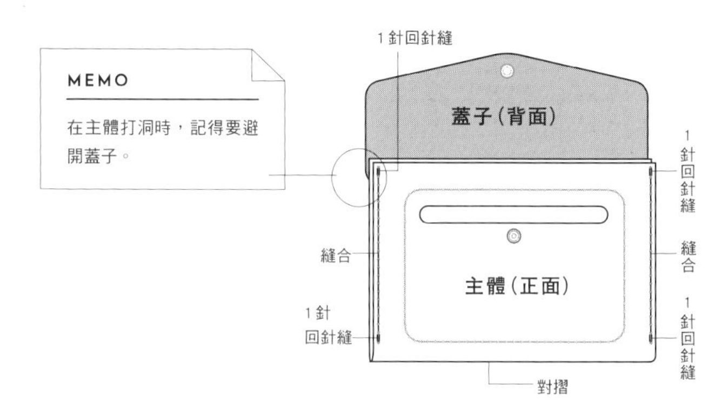

9. 打磨皮邊

把底部的邊角裁圓，縫好後一起打磨2片皮革的皮邊。

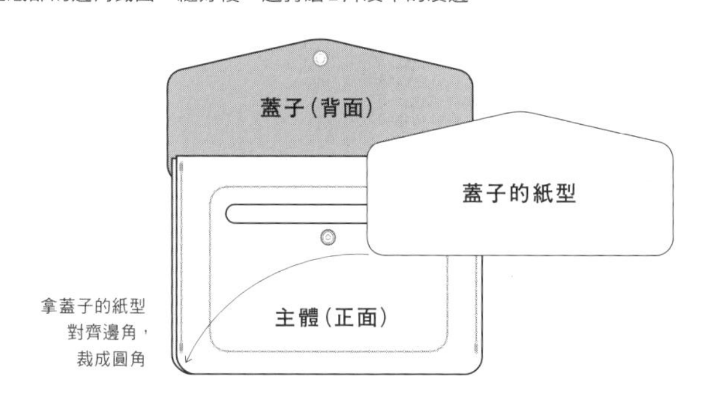

POUCH E

隨身包E　page 24

原尺寸紙型 B面 17

[主體a、蓋子a、
主體b、蓋子b]

・完成尺寸
W18×H12.5cm

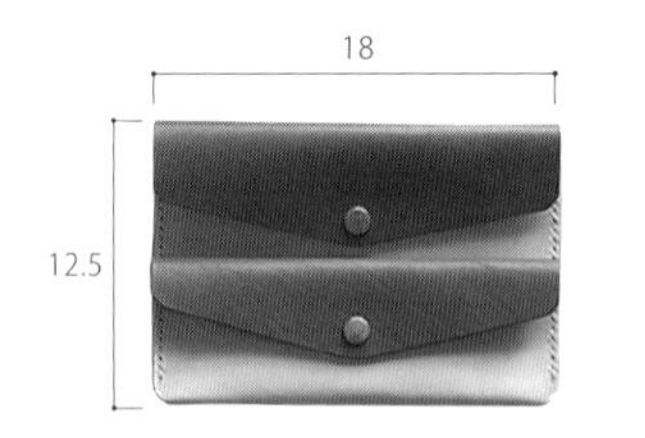

材料

蓋子a・b：義大利皮革（灰色）1.6mm…約20×18cm1片（約3.6DS）
主體a：原色植鞣牛皮1.2mm…約20×26cm1片（約5DS）
主體b：原色植鞣牛皮1.2mm…約20×14cm1片（約3DS）
黃銅四合釦〈No.2（小）〉…2個
麻線（白色）…適量

基本工具

美工刀、30cm方眼尺、塑膠板、錐子、銼刀、皮革背面處理劑、打磨棒、銀筆、強力膠、刮刀、橡膠板、木槌、針、手縫用蠟塊、剪線刀、木工用黏膠

其他工具

四孔菱斬（4mm）、圓斬2.4mm・4.5mm、四合釦工具組小no.2、金屬打釦台、雙面膠帶3mm

※製作皮革小物的工具・材料在p.32～，基本工序在p.34～，安裝金屬零件的方法在p.46～有詳細的說明。

1. 製作紙型、裁切皮革

先將皮革粗裁，進行背面處理之後，按照紙型的形狀進行細裁。用圓斬打好4個四合釦用的孔洞。

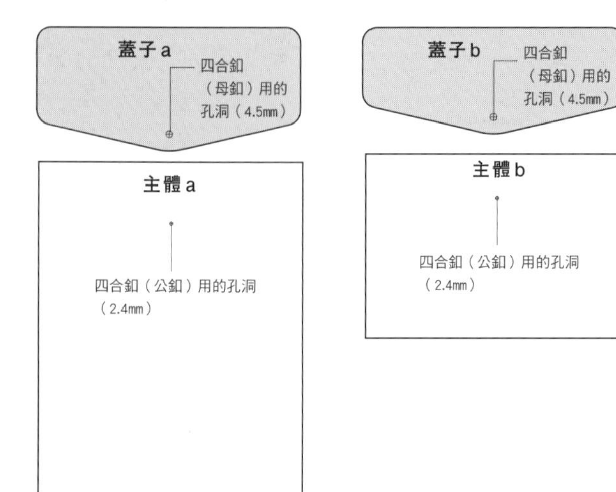

2. 打磨皮邊

打磨黏貼處以外的皮邊。

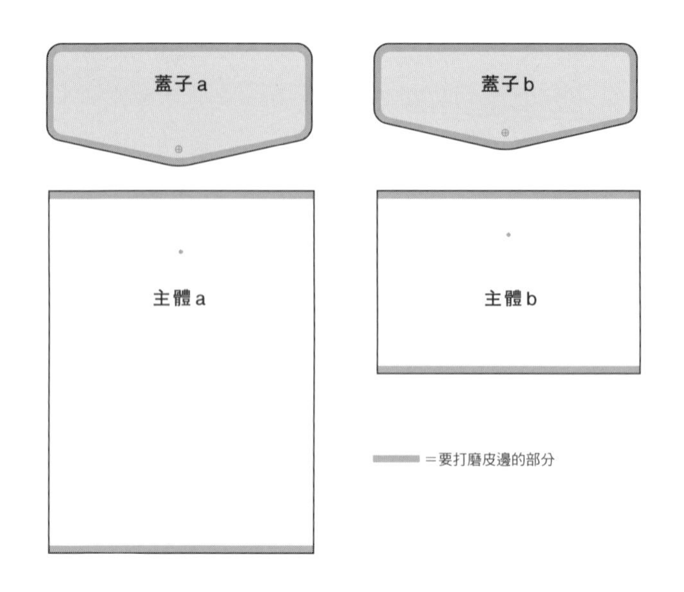

3. 做記號、劃線，然後打洞

按照紙型的標示，用錐子在皮革的正面打點、劃線。主體a和主體b沿著其縫合線，分別用四孔菱斬打出相同數量的孔洞。

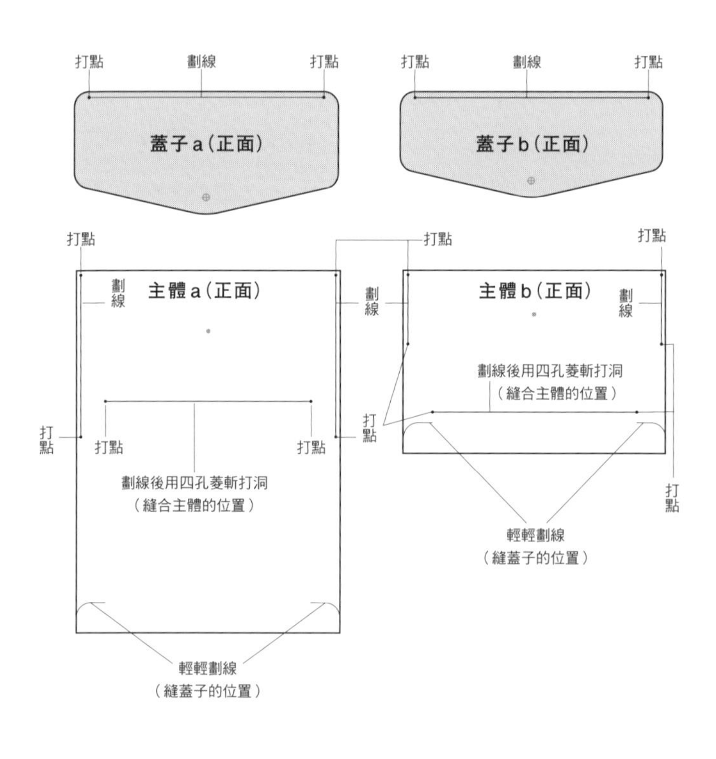

4. 安裝四合釦

注意金屬零件的方向，安裝四合釦（參照p.46）。

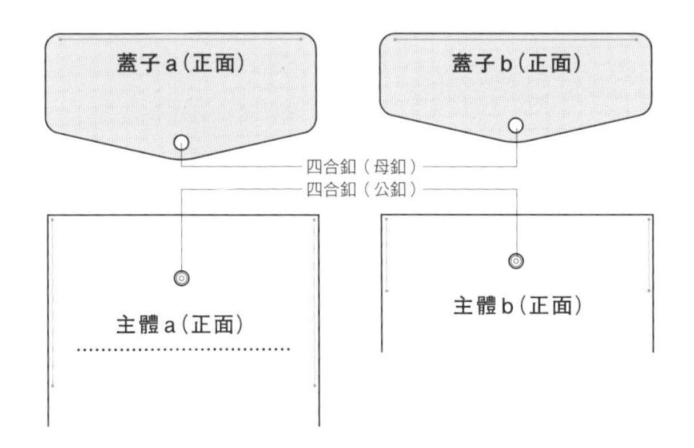

5. 縫上蓋子

將蓋子a對齊主體a上縫蓋子位置的線，以雙面膠帶貼住，用四孔菱斬打洞後縫合。兩端都要縫1針回針縫。蓋子b和主體b也是相同的作法。

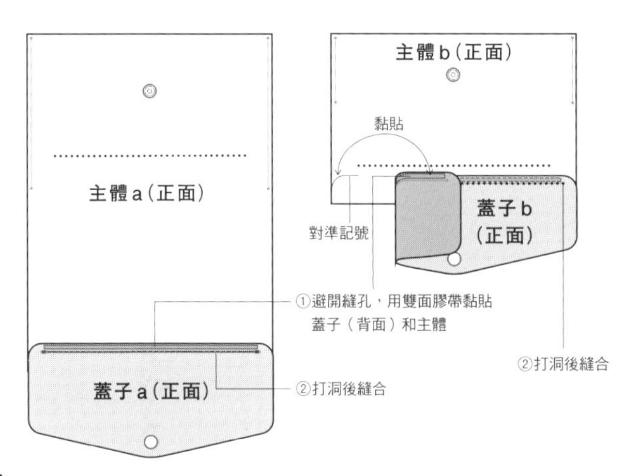

6. 疊合主體的縫孔

重疊主體a和主體b。
兩端插上縫針或珠針對齊固定。

※不黏合

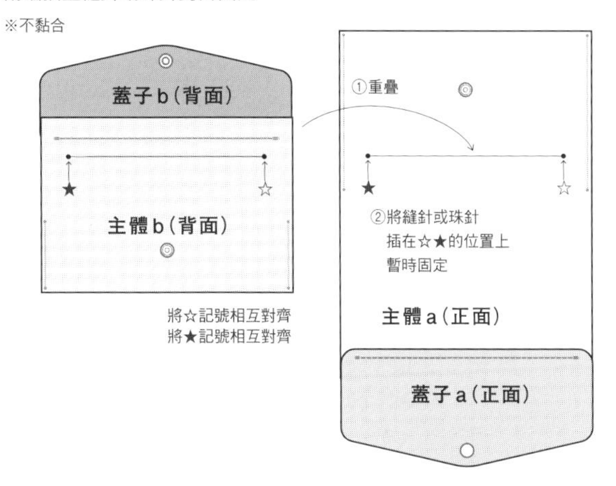

7. 縫合

縫合主體a和主體b。沿著事先打好的洞縫合。

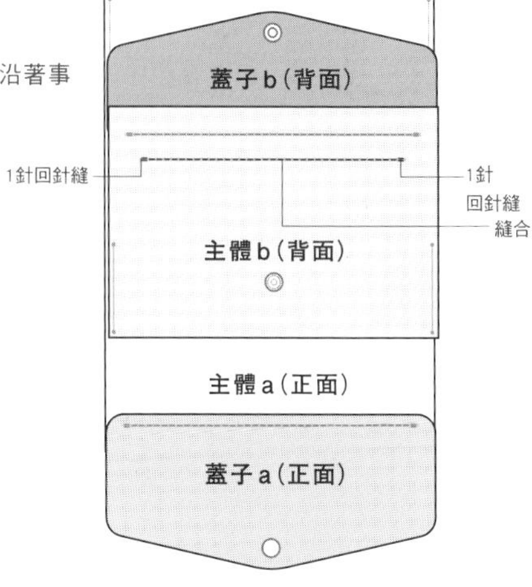

8. 黏合主體的縫份，打洞後縫合

把主體b（背面）的黏貼處刮粗，塗上強力膠，黏貼起來。用四孔菱斬沿著事先以錐子劃好的線打洞，然後縫合。兩端都要縫1針回針縫。

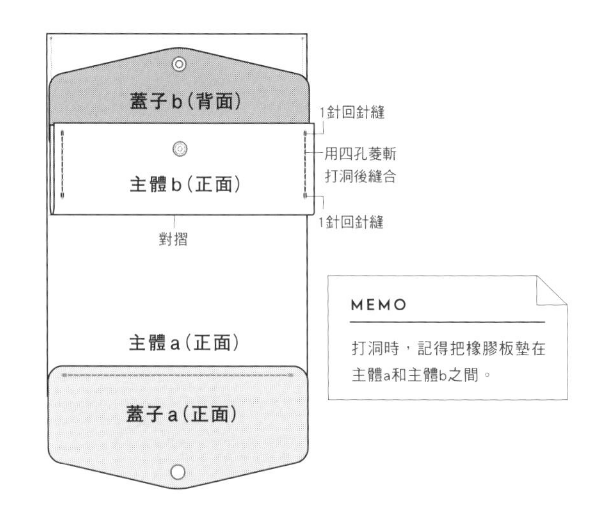

9.

主體a也以相同的方法縫合。

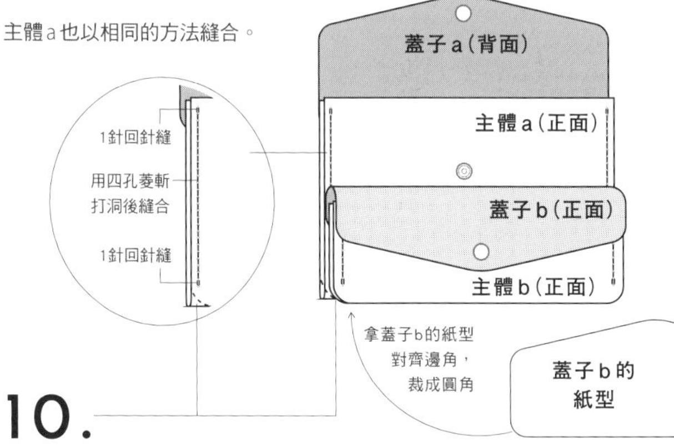

10.

把底部的邊角裁圓，縫好後一起打磨2片皮革的皮邊。

MEMO

裁切主體b的邊角時，記得把橡膠板墊在主體a和主體b之間。

PEN CASE

筆袋　page 24

原尺寸紙型 B面 18

［主體、蓋子］

・完成尺寸
W18×H6.5cm

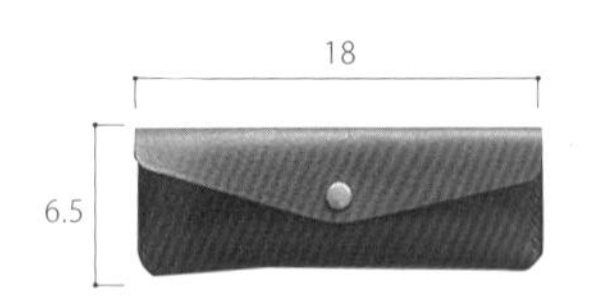

材料

蓋子：義大利皮革（綠色）1.6mm…約20×9cm1片（約2DS）
主體：.URUKUST牛皮（黑色）1.6mm…約20×14cm1片（約3DS）
黃銅四合釦〈No.2（小）〉…1個
麻線（黑色）…適量

基本工具

美工刀、30cm方眼尺、塑膠板、錐子、銼刀、皮革背面處理劑、打磨棒、銀筆、強力膠、刮刀、橡膠板、木槌、針、手縫用蠟塊、剪線刀、木工用黏膠

其他工具

四孔菱斬（4mm）、圓斬2.4mm・4.5mm、四合釦工具組小no.2、金屬打釦台、雙面膠帶3mm、皮邊染料、棉花棒

※製作皮革小物的工具・材料在p.32～，基本工序在p.34～，安裝金屬零件的方法在p.46～有詳細的說明。

1. 製作紙型、裁切皮革

先將皮革粗裁，進行背面處理之後，按照紙型的形狀進行細裁。用圓斬打好2個四合釦用的孔洞。

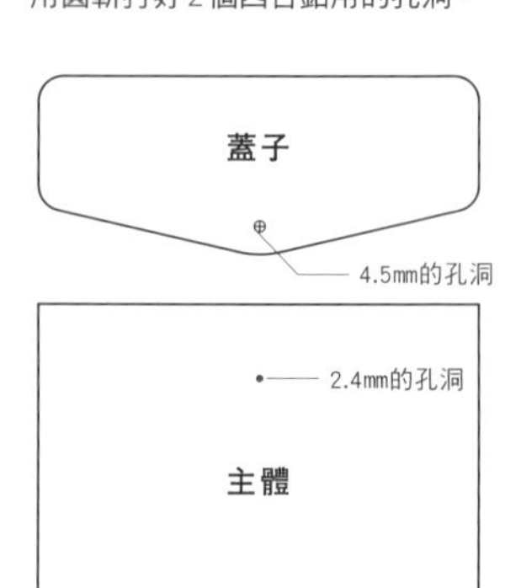

2. 打磨皮邊

打磨黏貼處以外的皮邊。主體可應需求染皮邊。

＝要打磨皮邊的部分

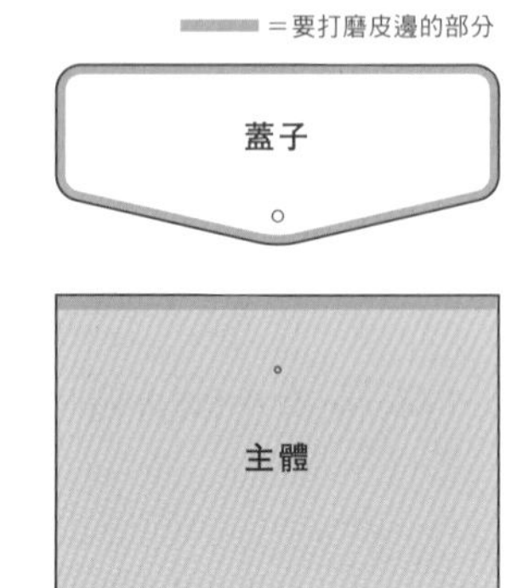

3. 做記號、劃線

按照紙型的標示，用錐子在皮革的正面打點、劃線。

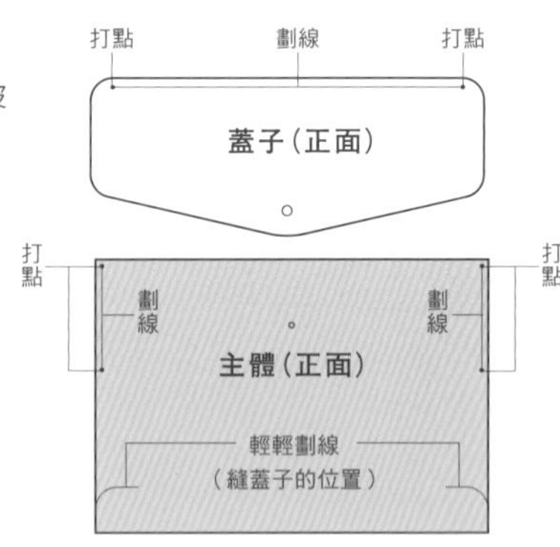

4. 安裝四合釦

注意金屬零件的方向，安裝四合釦（參照p.46）。

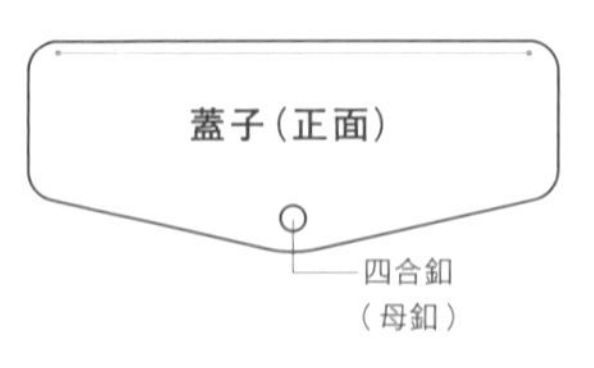

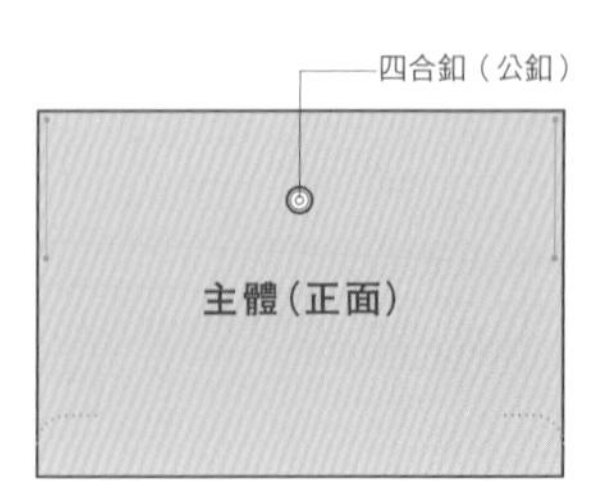

5. 縫上蓋子

在主體以雙面膠帶貼上蓋子，用四孔菱斬打洞後縫合。兩端都要縫1針回針縫。

蓋子（背面）
①將雙面膠帶貼在邊緣
②對準記號黏貼
③打洞
蓋子（正面）
1針回針縫
④縫合
1針回針縫
主體（正面）

6. 黏合主體的縫份，打洞後縫合

把主體（背面）的黏貼處刮粗，塗上強力膠，將主體的正面朝外對摺，黏貼起來。用四孔菱斬沿著事先以錐子劃好的線打洞，然後縫合。兩端都要縫1針回針縫。

蓋子（背面）
主體（正面）
1針回針縫
縫合
1針回針縫
1針回針縫
縫合
1針回針縫
對摺

7. 染皮邊、打磨皮邊

把底部的邊角裁圓後，可應需求染皮邊，縫好後一起打磨2片皮革的皮邊。

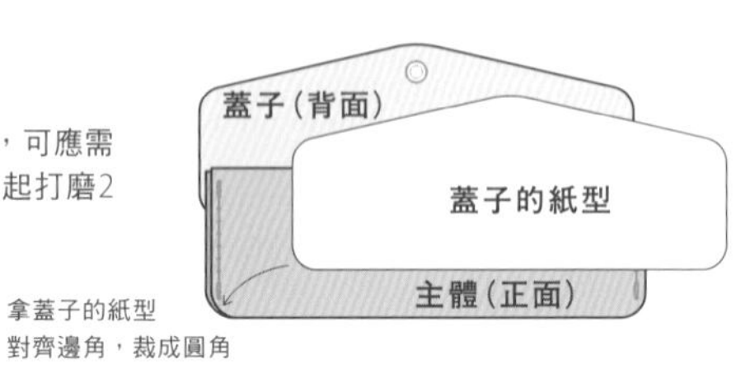

拿蓋子的紙型
對齊邊角，裁成圓角

BIFOLD WALLET

兩折式皮夾 page 20

原尺寸紙型 A面 13
［主體、前夾層、後夾層］

・完成尺寸
W24×H8.5cm

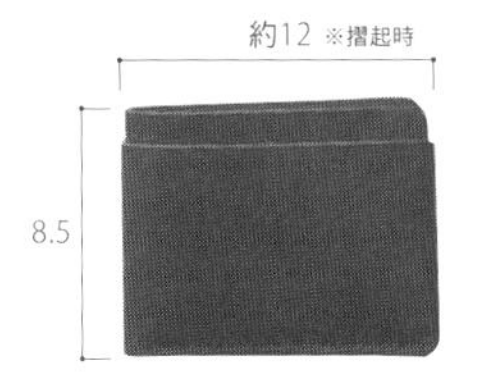

材料
主體：.URUKUST牛皮（深棕色）1.6mm…約49×10cm1片（約5DS）
後夾層：.URUKUST牛皮（深棕色）1.6mm…約26×11cm1片（約3DS）
前夾層：原色植鞣牛皮1.2mm…約25×10cm1片（約2.5DS）
麻線（深棕色）…適量

基本工具
美工刀、30cm方眼尺、塑膠板、錐子、銼刀、皮革背面處理劑、打磨棒、銀筆、強力膠、刮刀、橡膠板、木槌、針、手縫用蠟塊、剪線刀、木工用黏膠

其他工具
四孔菱斬（4mm）、單孔菱斬（4mm）、圓斬2.4mm、皮邊染料、棉花棒、牙籤

※製作皮革小物的工具・材料在p.32～，基本工序在p.34～有詳細的說明。

1. 製作紙型、裁切皮革
先將皮革粗裁，進行背面處理之後，按照紙型的形狀進行細裁。用圓斬打好4個口袋用的孔洞，在洞與洞之間劃開一道切口。

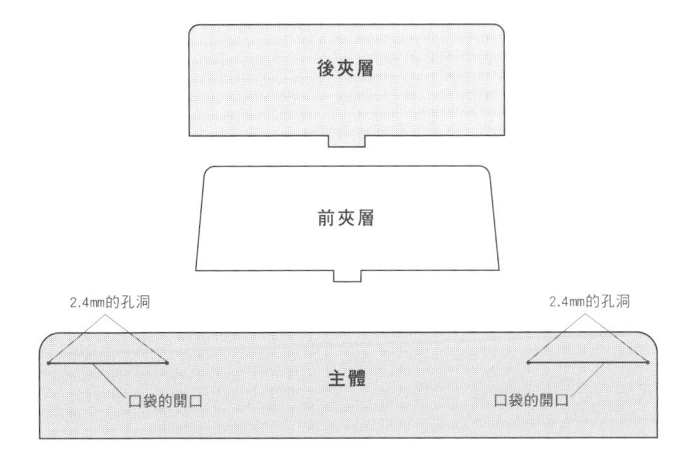

2. 染皮邊、打磨皮邊
主體和後夾層可應需求染皮邊，主體要打磨黏貼處以外的皮邊。後夾層和前夾層都要打磨所有的皮邊。

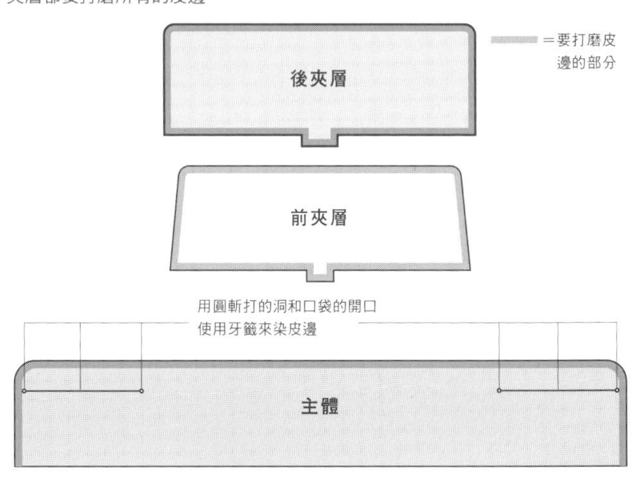

3. 做記號、劃線，然後打洞
按照紙型的標示，用錐子在後夾層（正面）、前夾層（正面）、主體（正面）打點、劃線。打好點之後，用單孔菱斬打洞。主體（背面）用銀筆做記號。

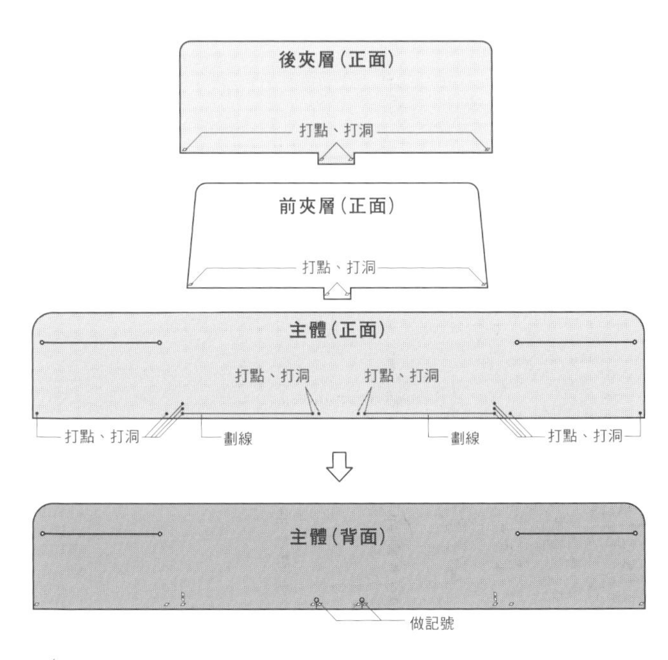

4. 在縫份塗上強力膠
只在主體（背面）左邊的黏貼處塗上強力膠。

5. 對齊縫孔縫合

重疊3片組件，對齊縫孔縫合，然後黏合縫份。

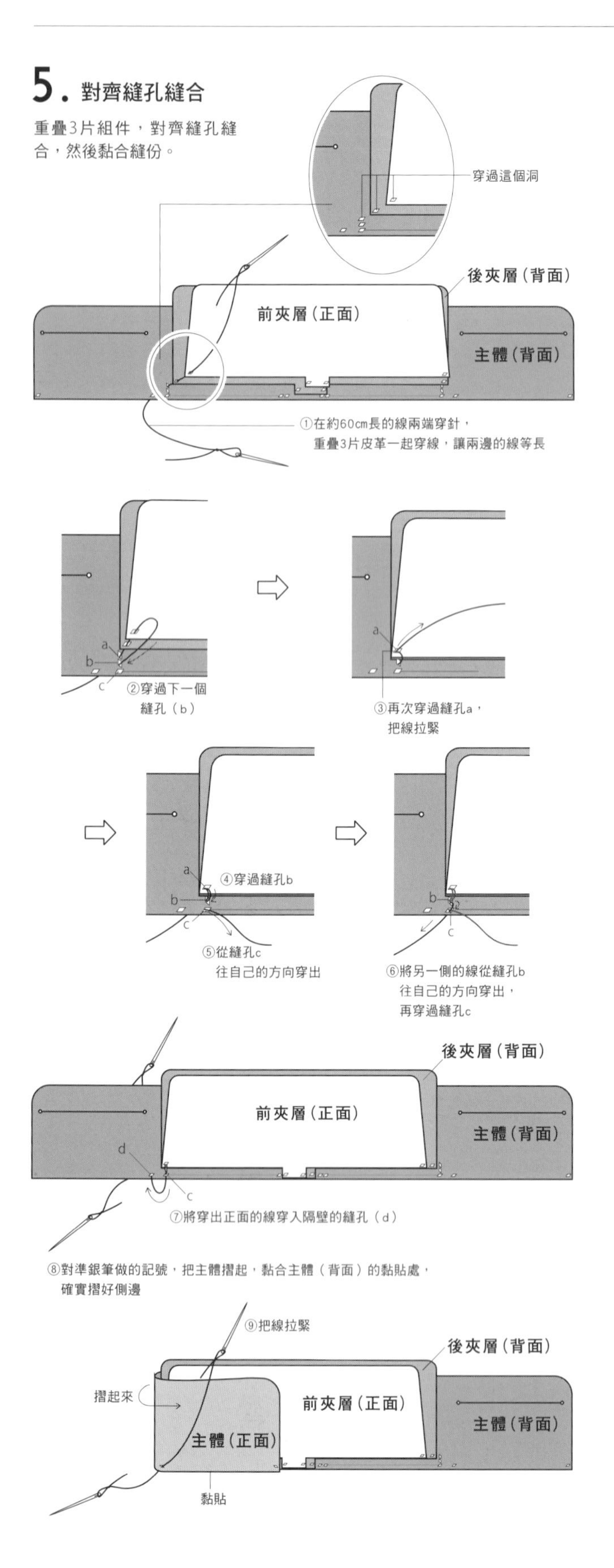

6. 在主體打洞後縫合

把主體翻到正面，用四孔菱斬沿著事先以錐子劃好的線打洞，再用線縫合。

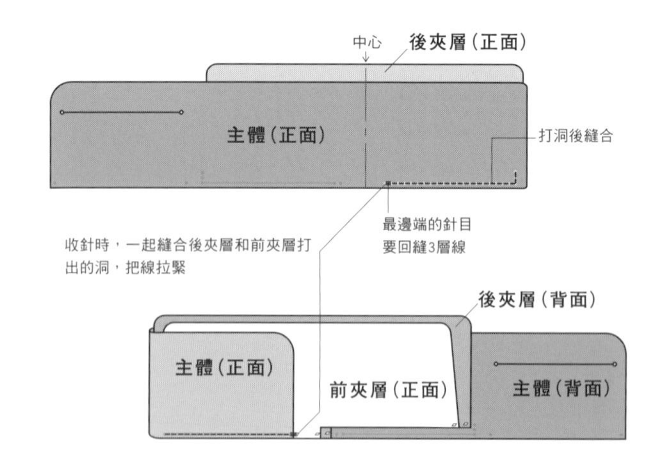

7.

另一側也依照**4.**～**6.**的步驟縫製。

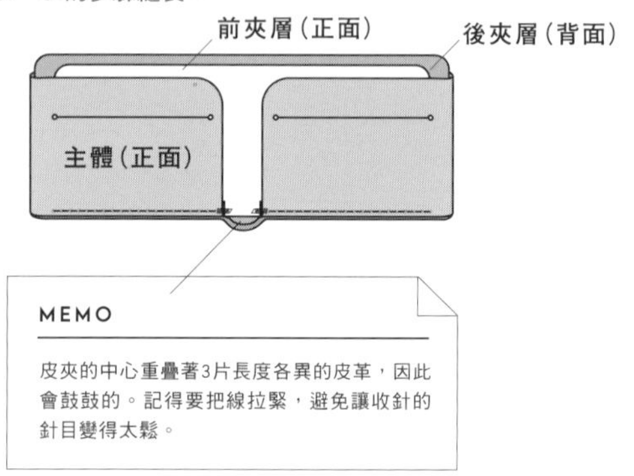

MEMO

皮夾的中心重疊著3片長度各異的皮革，因此會鼓鼓的。記得要把線拉緊，避免讓收針的針目變得太鬆。

8. 染皮邊、打磨皮邊

把兩端的邊角裁圓後，可應需求染皮邊，縫好後再對齊2片皮革，一起打磨皮邊。

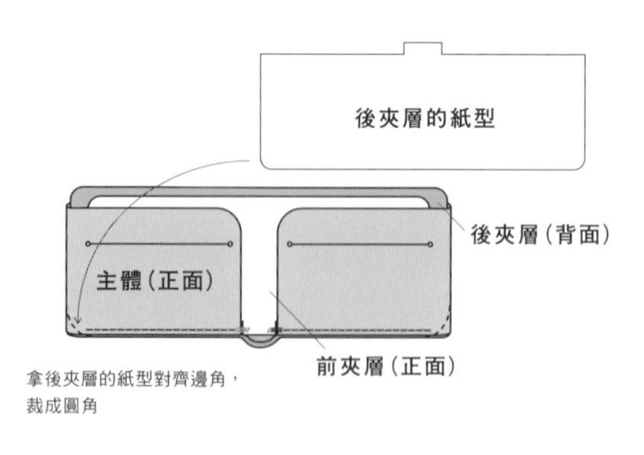

COIN CASE B

零錢包B　page 20

原尺寸紙型 B面 14

［主體、夾層］

・完成尺寸
W9.8×H6.8cm

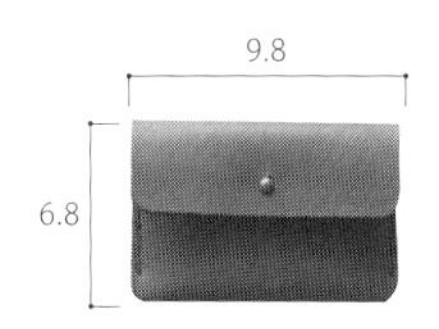

材料

主體：.URUKUST牛皮（深棕色／褐色）1.6mm…約12×19cm1片（約2.5DS）
夾層：原色植鞣牛皮1.2mm…約12×8cm1片（約1DS）
黃銅原子釦〈極小5mm〉…1個
麻線（棕色）…適量
※上述為深棕色或褐色擇一的用量。

基本工具

美工刀、30cm方眼尺、塑膠板、錐子、銼刀、皮革背面處理劑、打磨棒、銀筆、強力膠、刮刀、橡膠板、木槌、針、手縫用蠟塊、剪線刀、木工用黏膠

其他工具

四孔菱斬（4mm）、圓斬2.4mm・3.6mm、皮邊染料、棉花棒、牙籤

※製作皮革小物的工具・材料在p.32～，基本工序在p.34～，安裝金屬零件的方法在p.46～有詳細的說明。

1. 製作紙型、裁切皮革

先將皮革粗裁，進行背面處理之後，按照紙型的形狀進行細裁。用圓斬打好2個原子釦用的孔洞，在3.6mm的孔洞劃開一道切口。

3.6mm的孔洞
切口
主體
2.4mm的孔洞

2. 染皮邊、打磨皮邊

主體可應需求染皮邊，主體以及夾層要打磨黏貼處以外的皮邊。

＝要打磨皮邊的部分

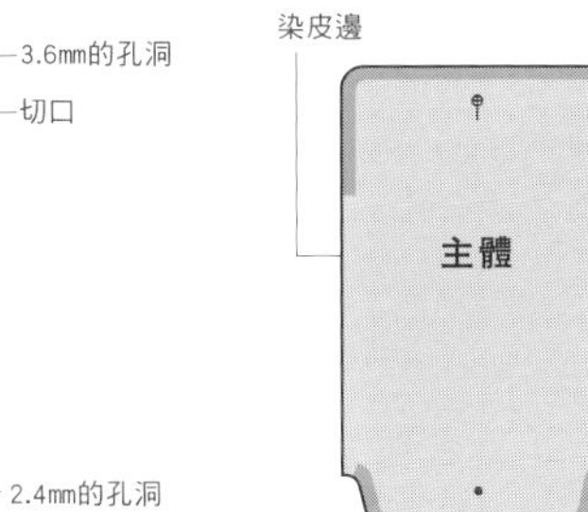

夾層

3. 做記號、劃線

按照紙型的標示，用錐子在皮革的正面打點、劃線。背面用銀筆做記號。

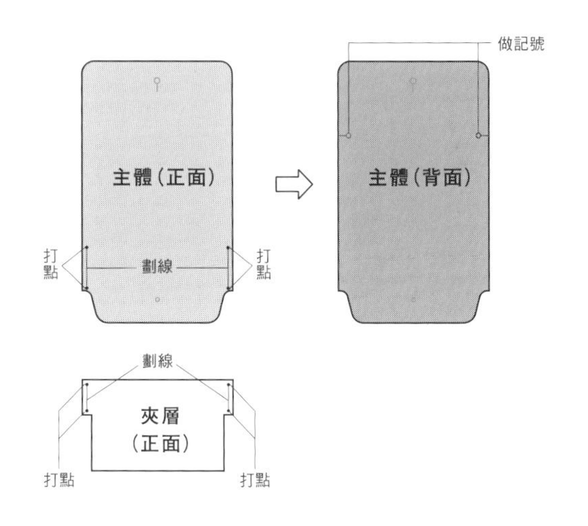

4. 黏合縫份

把主體（背面）和夾層（背面）的黏貼處刮粗，塗上強力膠。將夾層對準主體（背面）的記號貼上，再摺起主體的底部，不留縫隙地貼在夾層上。

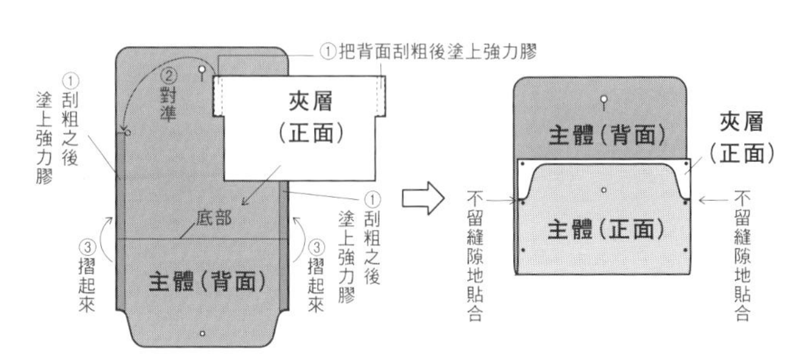

5. 打洞後縫合

用四孔菱斬沿著事先以錐子劃好的線打洞，接著將夾層和主體縫合。

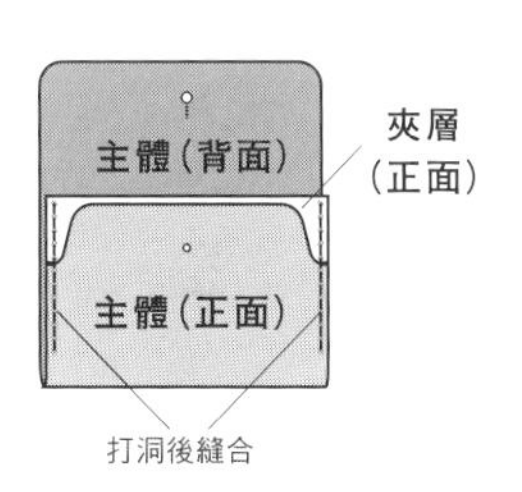

6. 染皮邊、打磨皮邊

把兩端的邊角裁圓後，可應需求染皮邊，縫好後一起打磨2片皮革的皮邊。

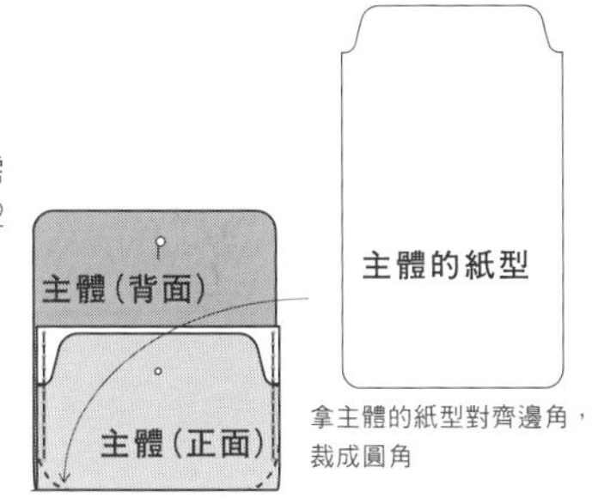

TOOL BOX

工具盒　page 28

原尺寸紙型 B面 20

[主體、側片、釦帶]

・完成尺寸
W22×H7×D8.5cm

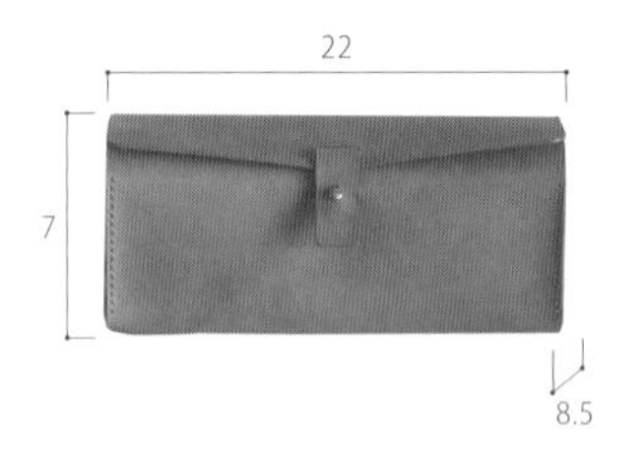

材料

主體：KAFU牛皮（焦糖色）1.6mm…約24×36cm1片（約9DS）
側片：KAFU牛皮（焦糖色）1.6mm…約12×17cm2片（約4DS）
釦帶：KAFU牛皮（焦糖色）1.6mm…約11×4cm1片（約0.5DS）
黃銅原子釦〈中7mm〉…1個
黃銅固定釦〈雙面鉚釘小固定釦〉…4個
麻線（亞麻色）…適量

基本工具

美工刀、30cm方眼尺、塑膠板、錐子、銼刀、皮革背面處理劑、打磨棒、銀筆、強力膠、刮刀、橡膠板、木槌、針、手縫用蠟塊、剪線刀、木工用黏膠

其他工具

四孔菱斬（4mm）、圓斬3mm・3.6mm・4.5mm、固定釦斬〈小〉7號、金屬打釦台

※製作皮革小物的工具・材料在p.32～，基本工序在p.34～，安裝金屬零件的方法在p.46～有詳細的說明。

1. 製作紙型、裁切皮革

先將皮革粗裁，進行背面處理之後，按照紙型的形狀進行細裁。用圓斬打好固定釦和原子釦用的孔洞，並挖空釦帶用的3個橢圓形孔洞，釦帶和主體用四孔菱斬打洞。

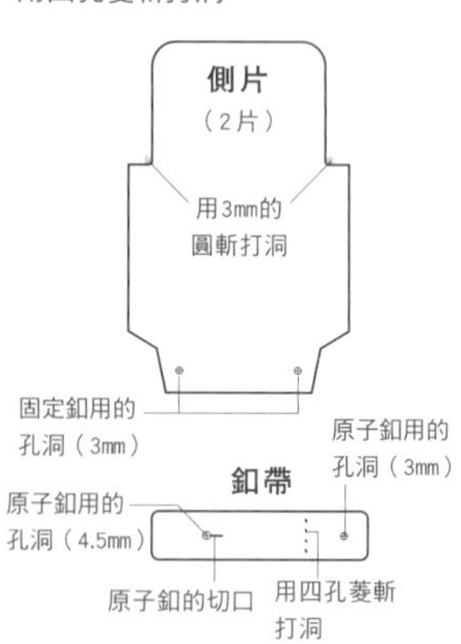

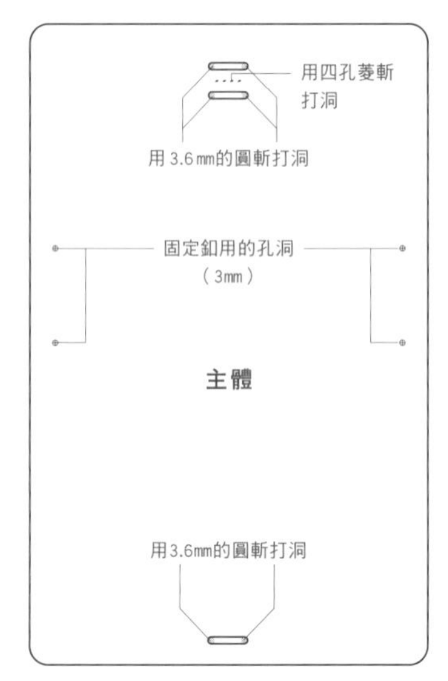

2. 打磨皮邊

打磨黏貼處以外的皮邊。

▬ ＝要打磨皮邊的部分

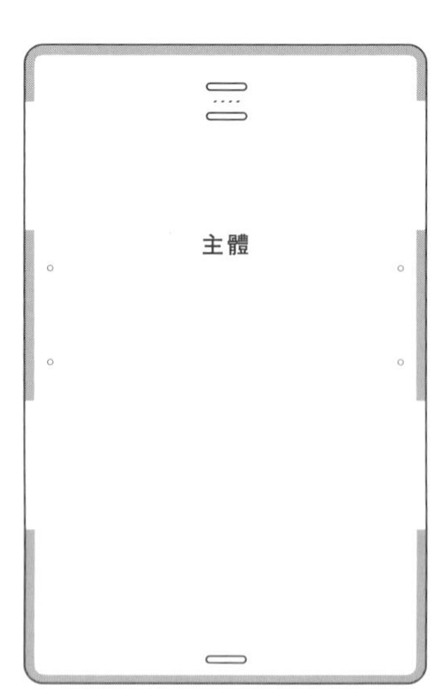

3. 做記號、劃線

按照紙型的標示，用錐子在主體（正面）打點、劃線。主體（背面）用銀筆做記號。

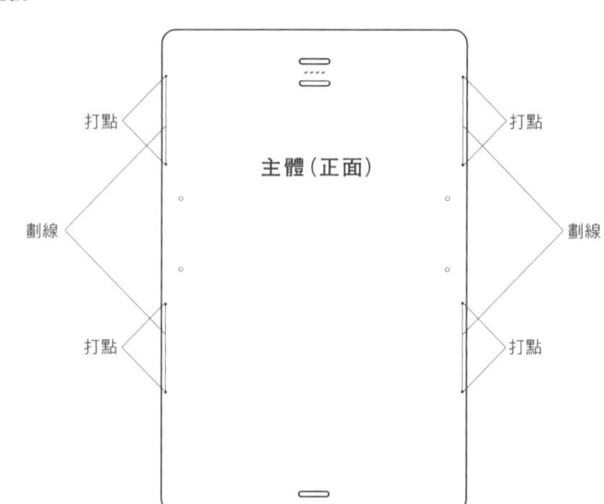

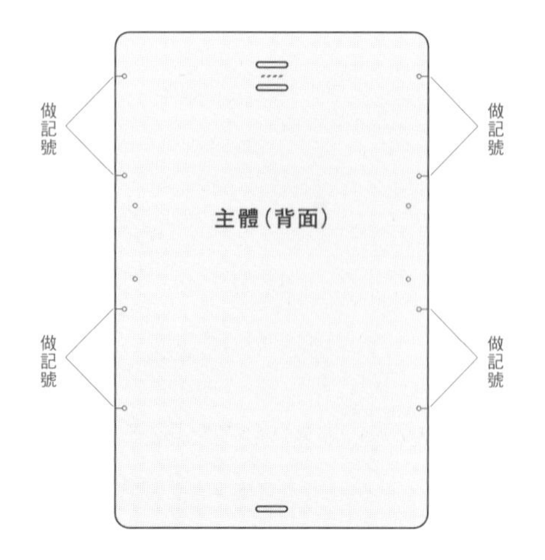

4. 黏合縫份

把主體（背面）和側片（背面）的黏貼處刮粗，塗上強力膠，黏貼起來。

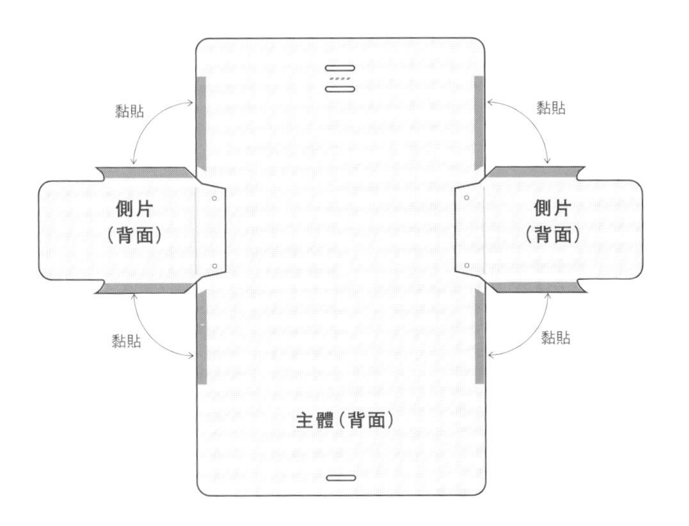

5. 打洞後縫合

用四孔菱斬沿著事先以錐子劃好的線打洞，然後縫合。兩端都要縫1針回針縫。

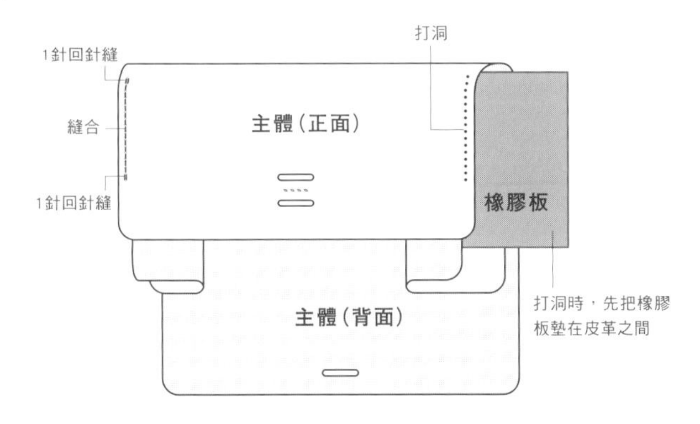

6. 安裝固定釦

將用圓斬打好洞的側片對準底部的孔洞，用固定釦固定。固定釦的釦斬從內側伸入，底下墊著金屬打釦台敲打（參照p.47）。

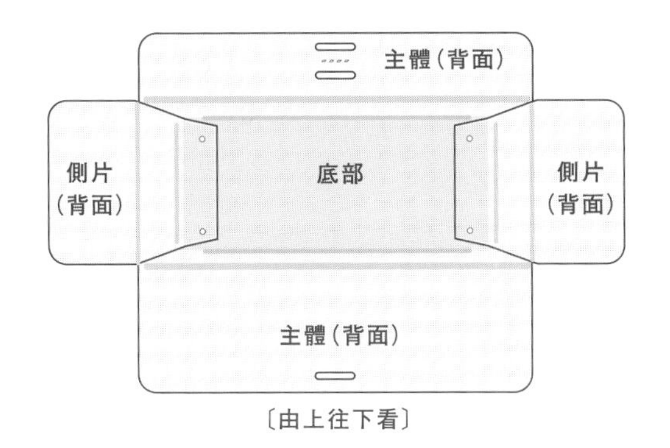

7. 打磨皮邊，安裝原子釦

縫好後一起打磨2片皮革的皮邊，在釦帶的孔洞（3㎜）安裝原子釦（參照p.46）。

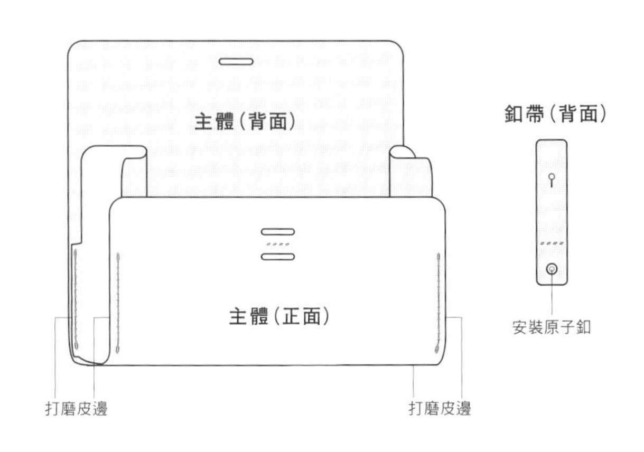

8. 縫上釦帶

把釦帶穿過主體縫上。從正面看，回縫了2層線。

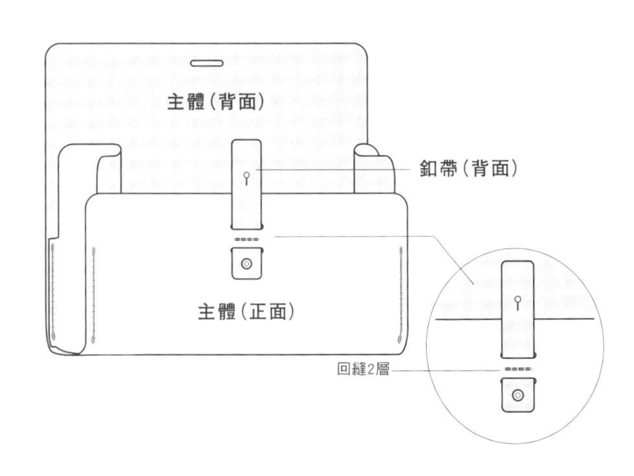

側片難以保持工整的ㄈ字型縫孔，所以改在底部用固定釦固定，讓作業更簡單順手。

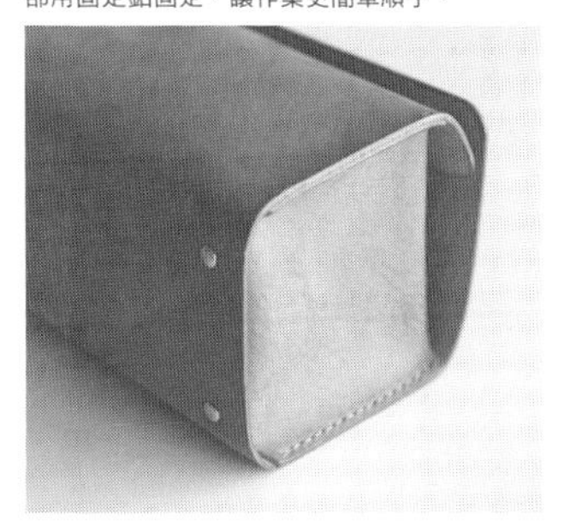

SMALL TOOL CASE

工具袋　page 29

原尺寸紙型 B面 21

菱斬工具袋［主體］
剪刀・錐子工具袋［主體］

・完成尺寸
W7.7×H12.5cm

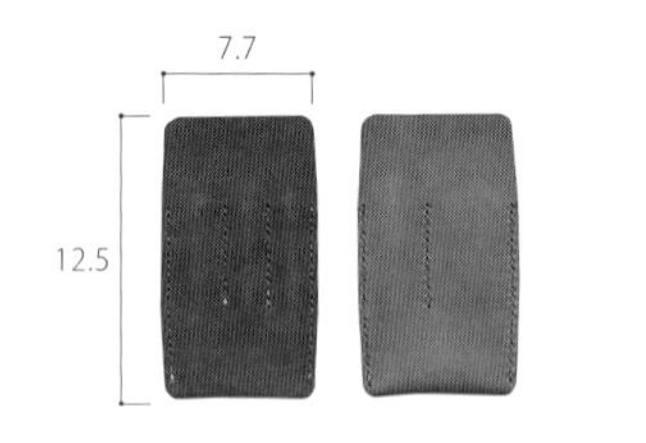

材料

菱斬工具袋
主體：KAFU牛皮（可可色）1.6mm…約10×28cm1片（約3DS）
麻線（亞麻色）…適量

剪刀・錐子工具袋
主體：KAFU牛皮（棕色）1.6mm…約10×28cm1片（約3DS）
麻線（亞麻色）…適量

針套　※針套的製作方法在67頁
主體：KAFU牛皮（可可色）1.0mm…約4×16cm1片（約0.7DS）
麻線（亞麻色）…適量

基本工具（共通）

美工刀、30cm方眼尺、塑膠板、錐子、銼刀、皮革背面處理劑、打磨棒、銀筆、強力膠、刮刀、橡膠板、木槌、針、手縫用蠟塊、剪線刀、木工用黏膠

其他工具

四孔菱斬（4mm）　※只有針套也使用單孔菱斬（4mm）

※製作皮革小物的工具・材料在p.32～，基本工序在p.34～有詳細的說明。

1. 製作紙型、裁切皮革

先將皮革粗裁，進行背面處理之後，按照紙型的形狀進行細裁。

2. 打磨皮邊

打磨黏貼處以外的皮邊。

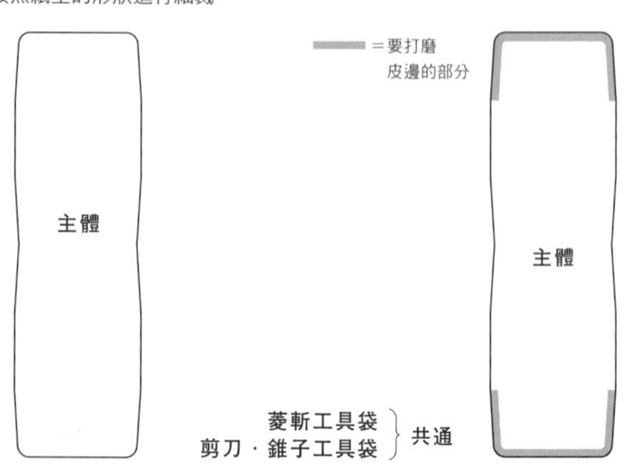

3. 做記號、劃線

按照紙型的標示，用錐子在主體（正面）打點、劃線。主體（背面）用銀筆做記號。

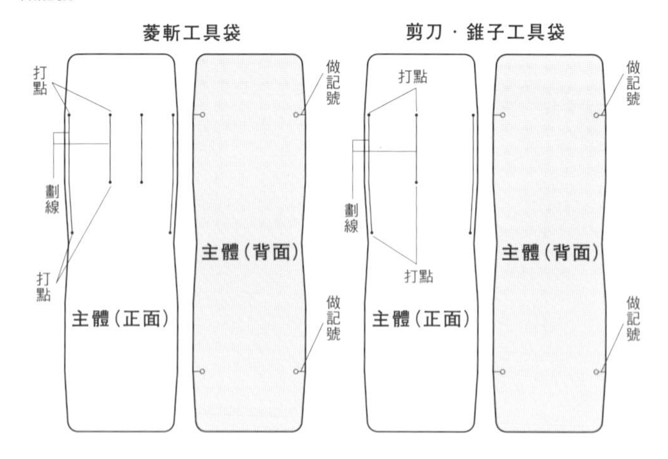

4. 黏合縫份

把主體（背面）的黏貼處刮粗，塗上強力膠，黏貼起來。

5. 打洞後縫合

用四孔菱斬沿著事先以錐子劃好的線打洞，然後縫合。兩端都要縫1針回針縫。

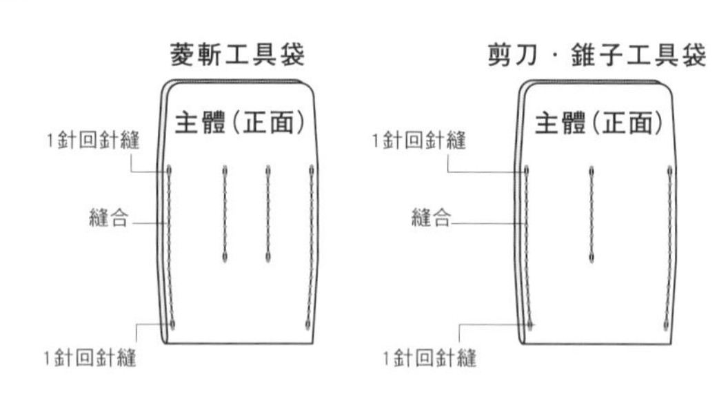

6. 裁切邊角、打磨皮邊

把兩端的邊角裁圓，縫好後再對齊2片皮革，一起打磨皮邊。

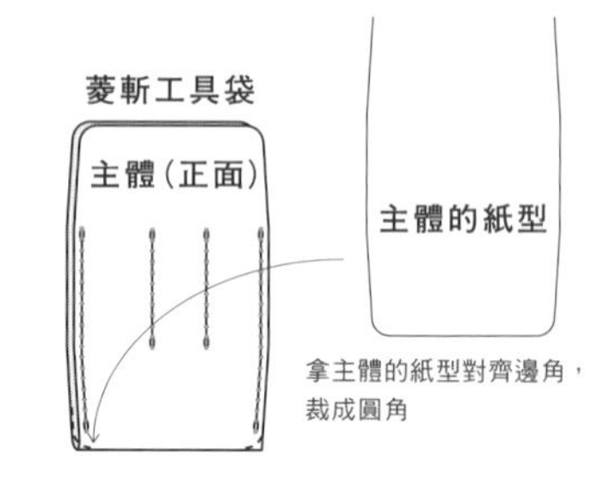

SHOULDER BAG

肩背包 page 26

原尺寸紙型 B面 19

[主體、蓋子、口袋、側片、
蓋子小組件、釦帶]

・完成尺寸
W25×H18.5×D7cm
（不含肩背帶）

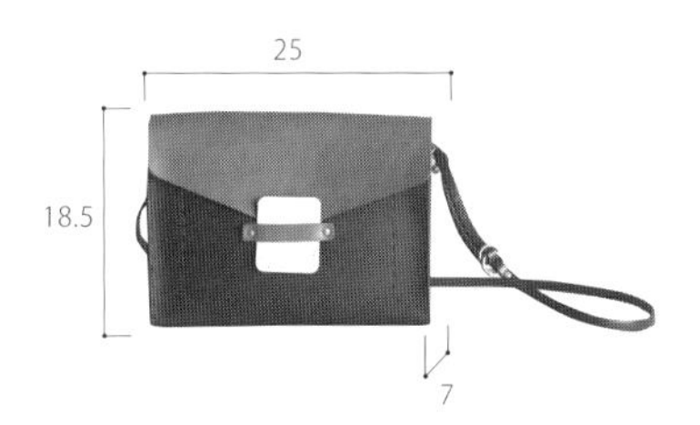

材料

蓋子：義大利皮革（灰色）1.6mm…約28×24cm1片（約7DS）
主體：.URUKUST牛皮（深棕色）1.6mm…約28×42cm1片（約12DS）
側片：.URUKUST牛皮（深棕色）1.6mm…約11×20cm2片（約5DS）
口袋：.URUKUST牛皮（深棕色）1.6mm…約22×16cm1片（約3.5DS）
蓋子小組件：原色植鞣牛皮1.2mm…約7×8cm1片（約0.6DS）
上釦帶：義大利皮革（灰色）1.6mm…約10×3cm1片（約0.3DS）
下釦帶：原色植鞣牛皮1.2mm…約10×3cm1片（約0.3DS）
黃銅固定釦〈雙面鉚釘小固定釦〉…13個
黃銅活動鉤10mm…2個
黃銅圓環15mm…4個
皮繩：義大利皮繩（深棕色）9mm…150cm
麻線（深棕色・白色）…適量

基本工具

美工刀、30cm方眼尺、塑膠板、錐子、銼刀、皮革背面處理劑、打磨棒、銀筆、強力膠、刮刀、橡膠板、木槌、針、手縫用蠟塊、剪線刀、木工用黏膠

其他工具

單孔菱斬（4mm）、四孔菱斬（4mm）、圓斬3mm・10.5mm、固定釦斬〈小〉、金屬打釦台、雙面膠帶3mm、皮邊染料、棉花棒、牙籤

※製作皮革小物的工具・材料在p.32～，基本工序在p.34～，安裝金屬零件的方法在p.46～有詳細的說明。

注意皮繩不要穿錯方向。可自行調整肩背帶的長度。

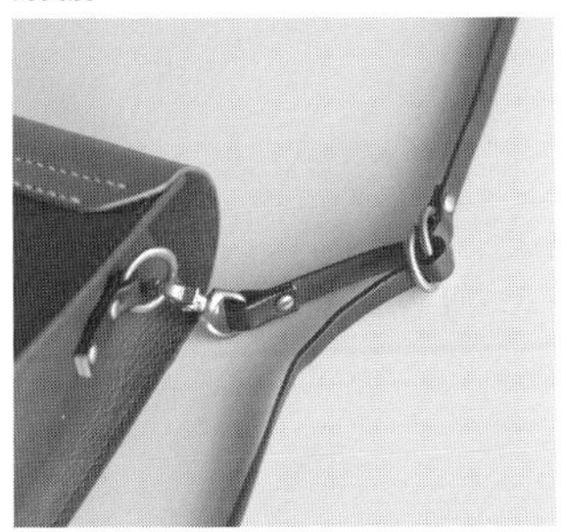

1. 製作紙型、裁切皮革

先將皮革粗裁，進行背面處理之後，按照紙型的形狀進行細裁。用圓斬打好所有指定的孔洞，挖空口袋的橢圓形孔洞。製作釦帶。

蓋子
用10.5mm的圓斬打洞

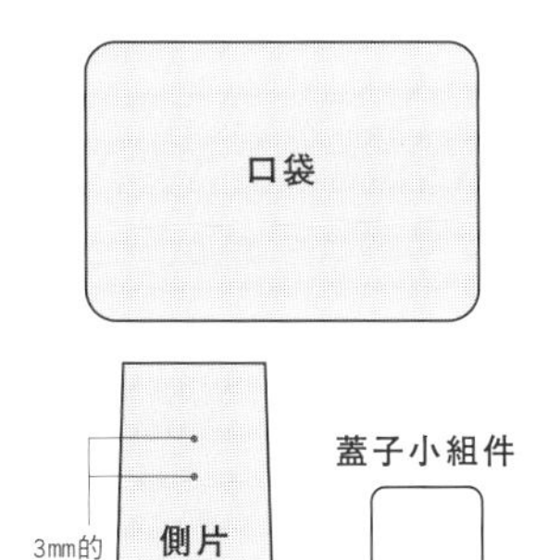

蓋子小組件

用10.5mm的圓斬打洞
3mm的孔洞
主體
3mm的孔洞
3mm的孔洞

釦帶

粗裁後，不用進行背面處理，將上下片的正面朝外貼合後再進行細裁，打洞

2. 染皮邊、打磨皮邊

主體、側片、口袋可應需求染皮邊。打磨黏貼處以外的皮邊。

▬ ＝要打磨皮邊的部分

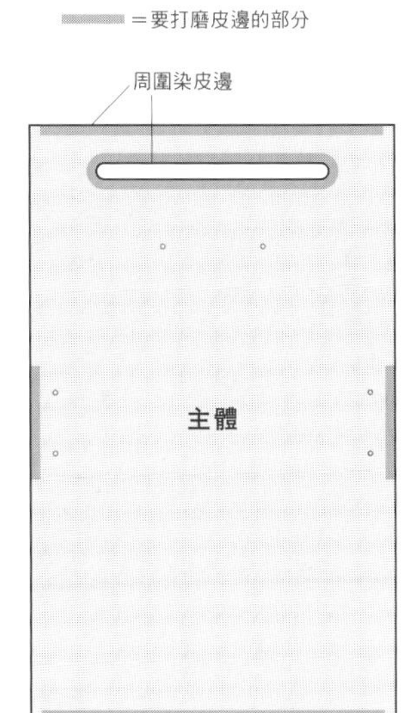

周圍染皮邊
口袋

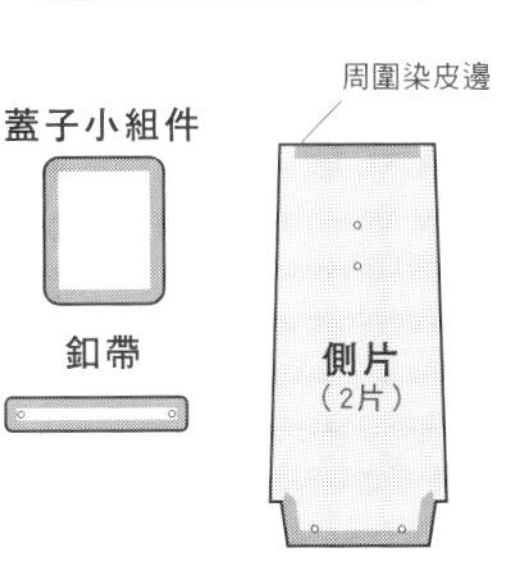

釦帶

3. 做記號、劃線

按照紙型的標示，用錐子在主體（正面）打點、劃線。主體（背面）用銀筆做記號。

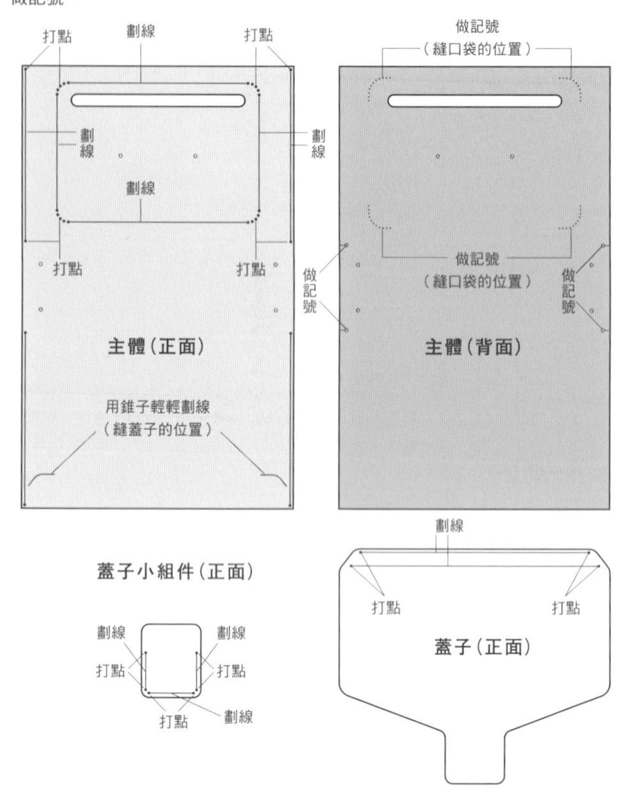

蓋子小組件（正面）

4. 縫上蓋子小組件

在蓋子（正面）以雙面膠帶貼上蓋子小組件，打洞後縫成ㄈ字型。兩端都要縫1針回針縫。

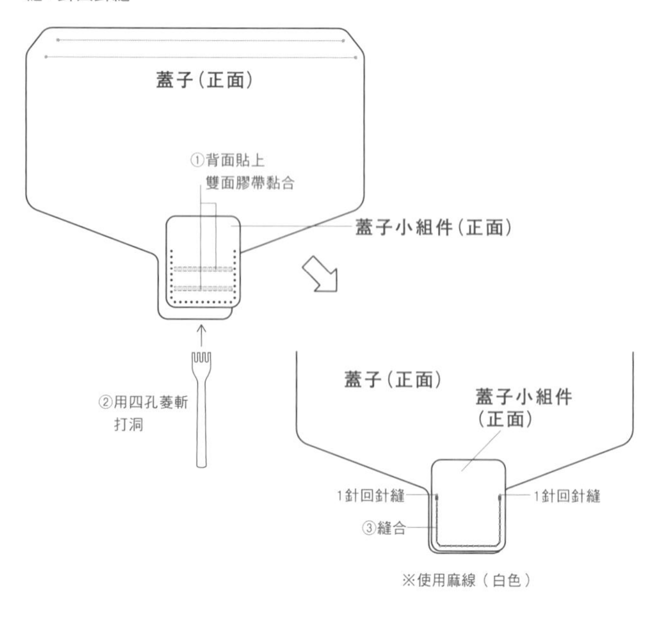

※使用麻線（白色）

5. 安裝釦帶

將主體與釦帶的孔洞對齊，安裝上固定釦（參照p.47）。

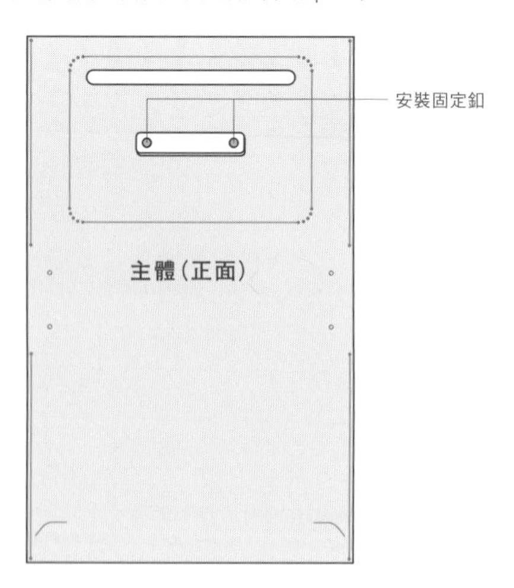

6. 貼上口袋

在口袋（正面）貼上雙面膠帶，對準主體（背面）的記號黏貼。

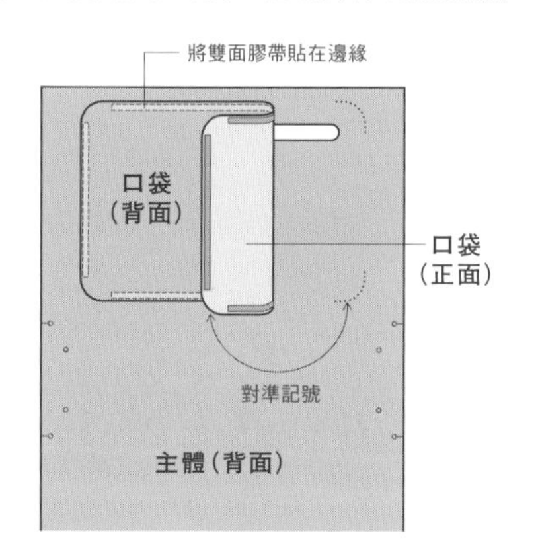

7. 打洞後縫合

用菱斬在主體（正面）沿著事先以錐子劃好的線打洞，然後縫合。收針時，連續2個針目回縫2針，從皮革的背面穿出2條線止縫。

※使用麻線（深棕色）

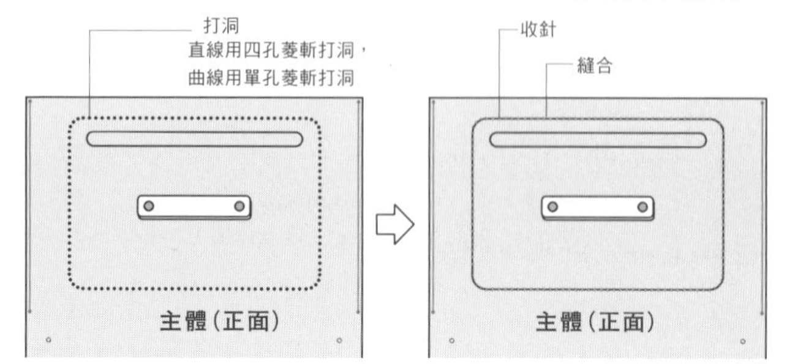

8. 縫上蓋子

在主體以雙面膠帶貼上蓋子，用四孔菱斬沿著事先以錐子劃好的線打洞。再沿著打好的縫孔縫合。兩端都要縫1針回針縫。

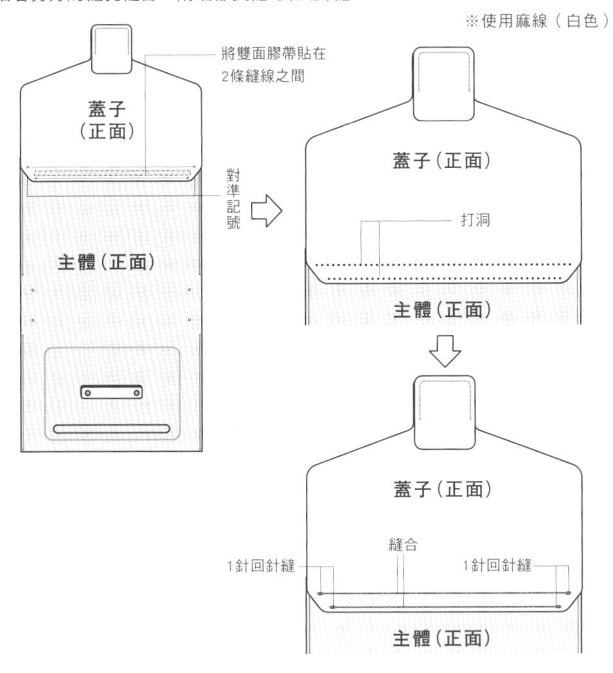

9. 在側片安裝釦環帶

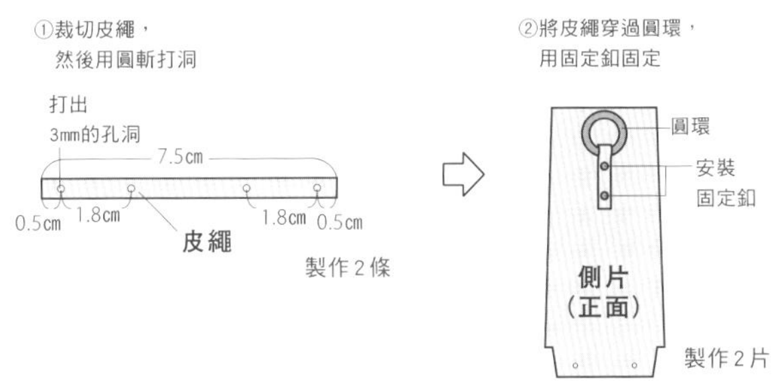

10. 在主體縫上側片

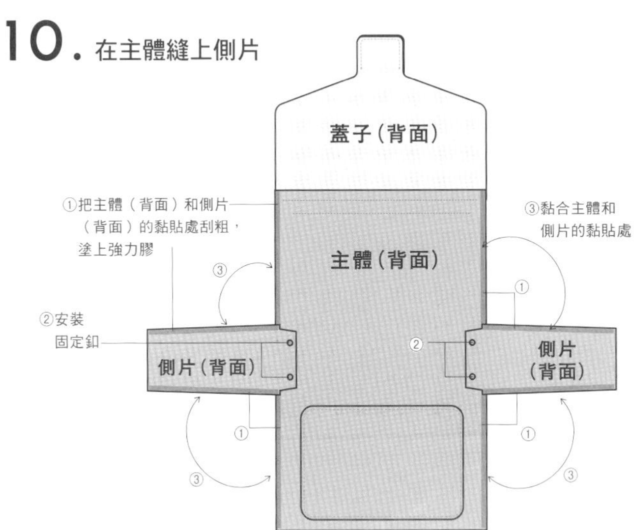

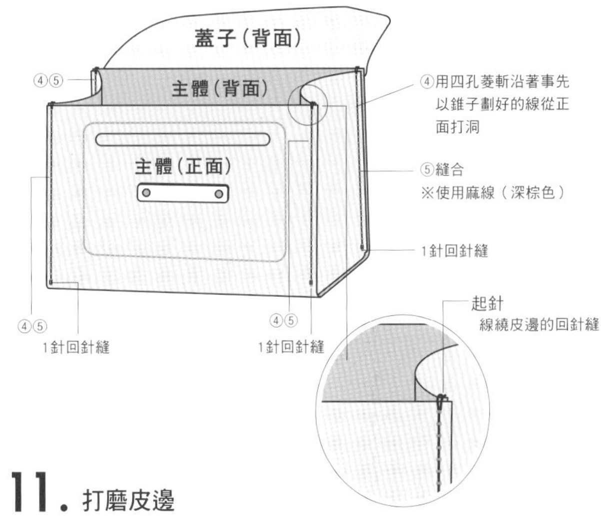

11. 打磨皮邊

縫好後一起打磨2片皮革的皮邊。

12. 製作、安裝肩背帶

裁切皮繩，用圓斬打洞後，安裝金屬零件。

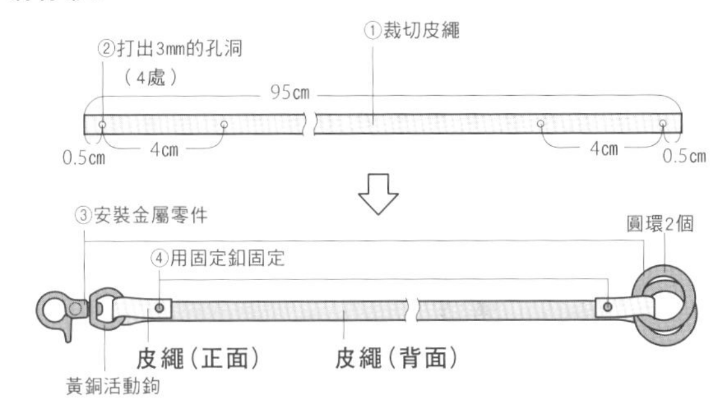

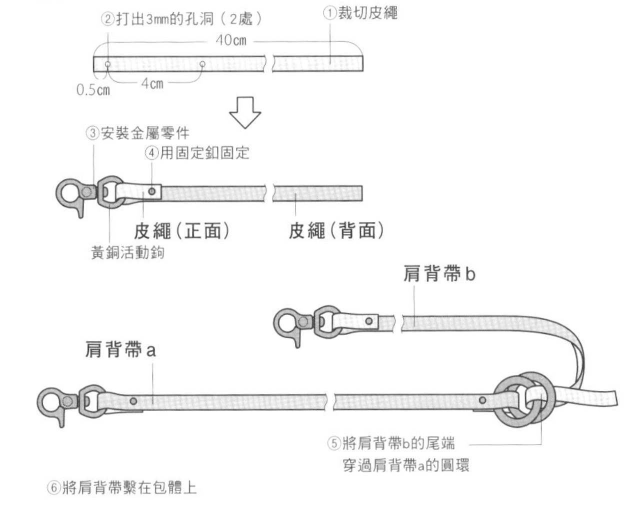

ONE SHOULDER BAG

單肩包　page 30

原尺寸紙型 B面 23

［前片、後片、肩背帶組件］

・完成尺寸
W17.5×H24.5×D14cm
（不含肩背帶）

材料

前片・後片：.URUKUST牛皮（深棕色）1.6mm…約35×35cm2片（約25DS）
肩背帶組件a：.URUKUST牛皮（深棕色）1.6mm…約35×5cm1片（約2DS）
肩背帶組件b：原色植鞣牛皮1.2mm…約35×5cm1片（約2DS）
皮繩：圓皮繩4mm（原色）…75cm
黃銅四合釦〈No.2（小）〉…2個
麻線（深棕色）…適量

基本工具

美工刀、30cm方眼尺、塑膠板、錐子、銼刀、皮革背面處理劑、打磨棒、銀筆、強力膠、刮刀、橡膠板、木槌、針、手縫用蠟塊、剪線刀、木工用黏膠

其他工具

單孔菱斬（4mm）、四孔菱斬（4mm）、圓斬2.4mm・4.5mm・6mm、四合釦工具組小no.2、金屬打釦台、雙面膠帶3mm、皮邊染料、棉花棒、牙籤

※製作皮革小物的工具・材料在p.32～，基本工序在p.34～，安裝金屬零件的方法在p.46～有詳細的說明。

1. 製作紙型、裁切皮革

先將皮革粗裁，進行背面處理之後，按照紙型的形狀進行細裁。用圓斬打好所有指定的孔洞。製作肩背帶組件。

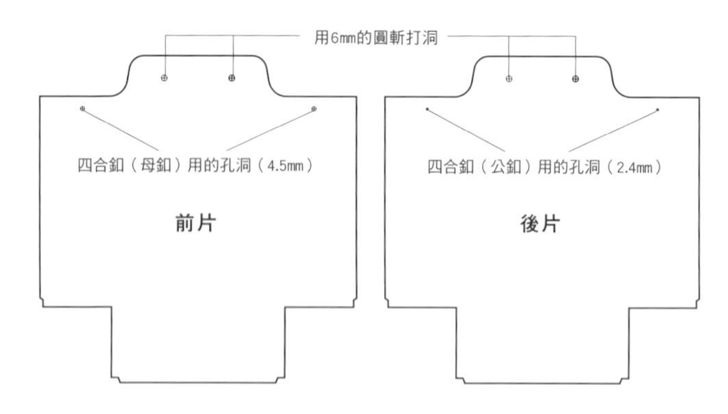

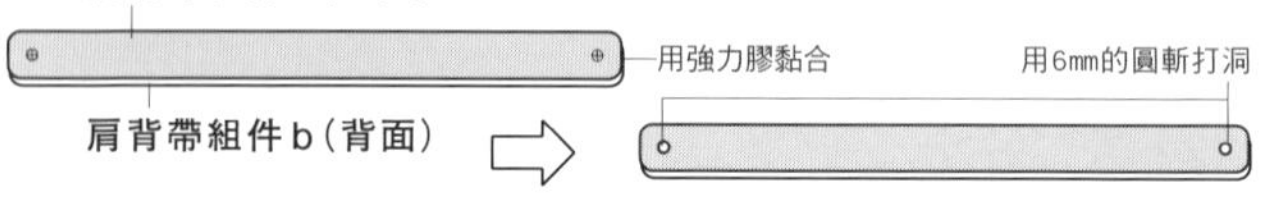

2. 染皮邊、打磨皮邊

前片、後片可應需求染皮邊，打磨黏貼處以外的皮邊。

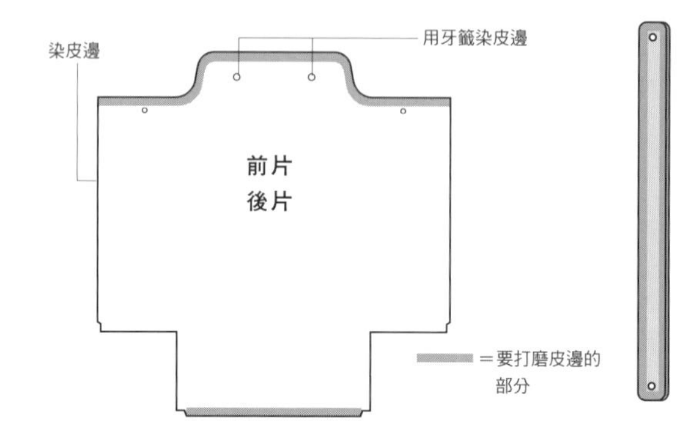

3. 做記號、劃線

按照紙型的標示，用錐子在前片（正面）和後片（正面）打點、劃線。前片（背面）用銀筆劃線。

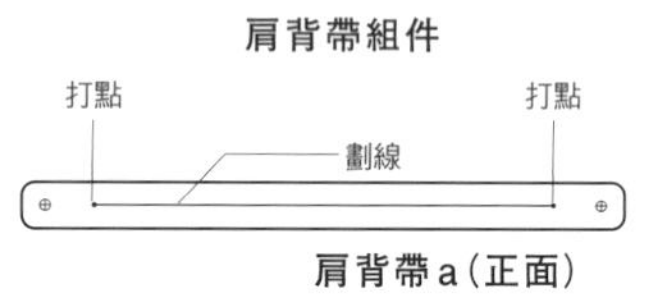

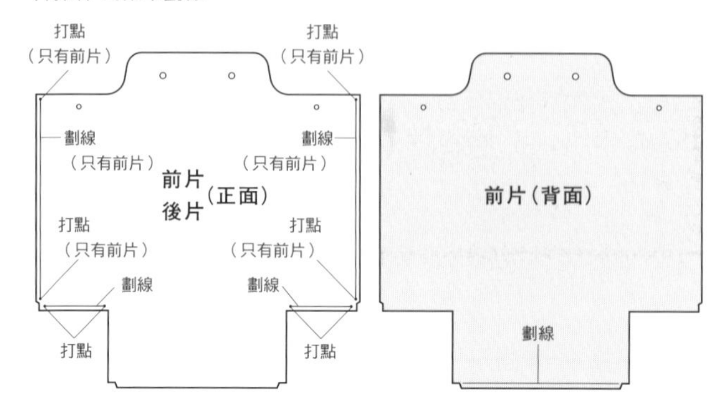

4. 安裝四合釦

在前片（正面）、後片（正面）安裝2組凹凸成對的四合釦。

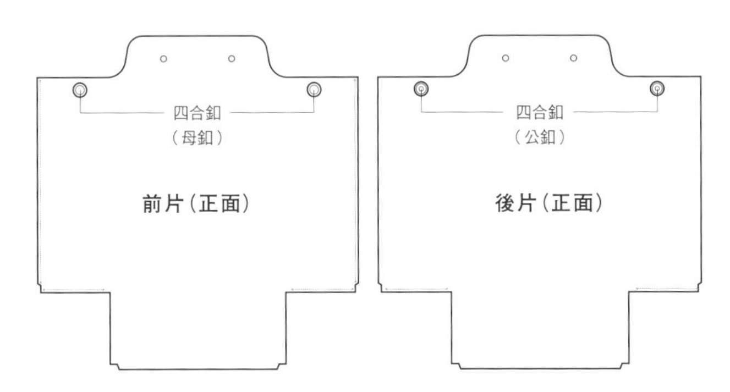

5. 縫合底部

將前片、後片的正面朝內對齊，底部以雙面膠帶貼合，用四孔菱斬打洞，然後縫合。兩端都要縫1針回針縫。

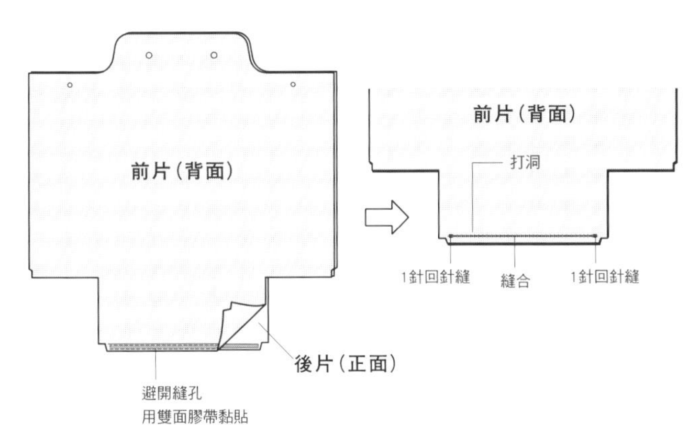

6. 在黏貼處塗強力膠

把側面和底部的黏貼處（背面）刮粗，全部塗上強力膠。

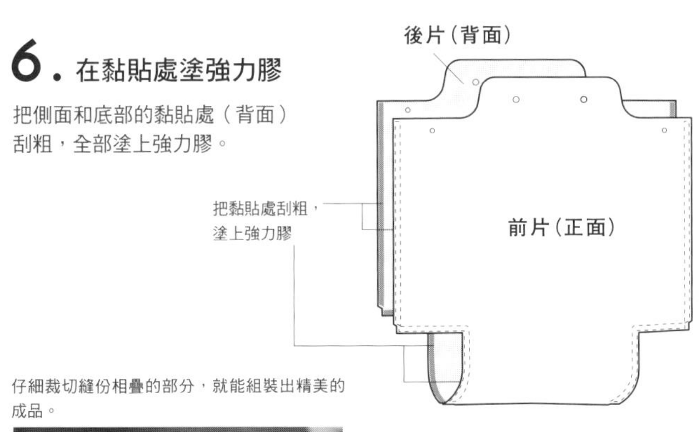

仔細裁切縫份相疊的部分，就能組裝出精美的成品。

7. 縫合側面

注意不要沾到底部的強力膠，將前片、後片的正面朝外重疊，黏貼兩側，用四孔菱斬沿著事先以錐子劃好的線打洞，然後縫合。從上端起針，到下端要縫1針回針縫。

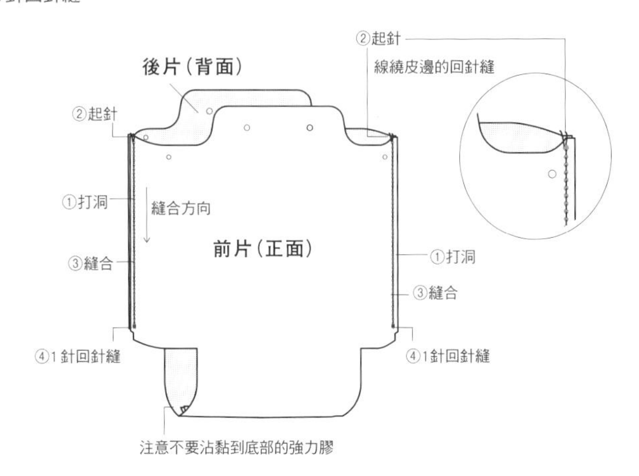

8. 縫合底部

對齊底部的黏貼處貼合，沿著事先以錐子劃好的線打洞，然後縫合。兩端都要縫1針回針縫。

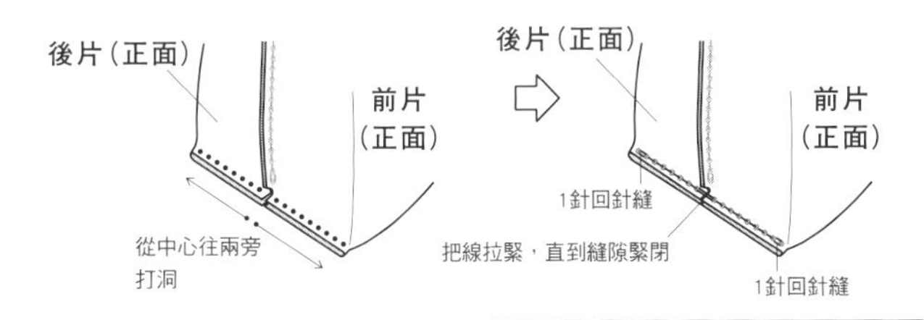

9. 打磨皮邊

縫好後一起打磨2片皮革的皮邊。

> **MEMO**
>
> 縫孔雖然從中心往兩旁打洞，但縫合時要從邊端起針。

10. 製作肩背帶，穿過包體

製作肩背帶組件，將皮繩穿過包體袋口的孔洞後，在兩端打結。

①用四孔菱斬打洞後縫合

肩背帶組件

1針回針縫　縫合　1針回針縫

②將皮繩裁切成75cm

③將皮繩穿過包體和肩背帶組件

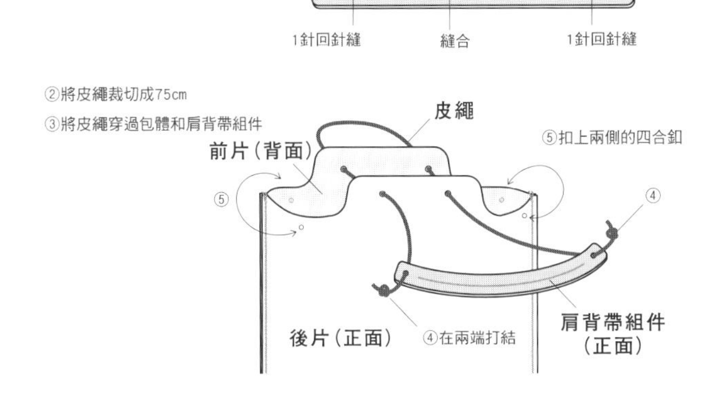

TOTE BAG

托特包　page 31

原尺寸紙型 B面 24

[前片、後片、肩背帶組件]

・完成尺寸
W32×H37×D5.5cm
（不含肩背帶）

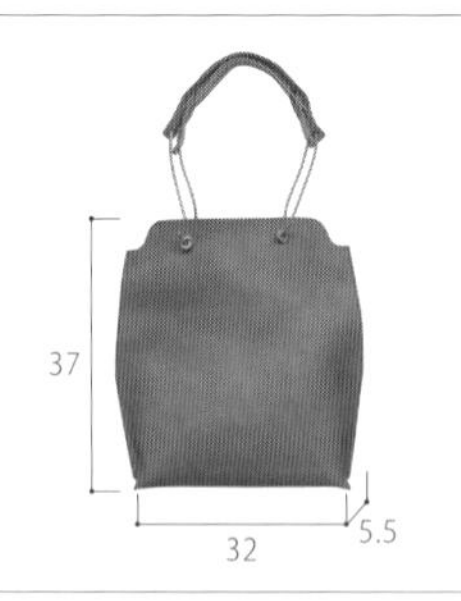

材料

前片・後片：.URUKUST牛皮（褐色）1.6mm…約41×44cm2片（約36DS）
肩背帶組件a：.URUKUST牛皮（褐色）1.6mm…約35×5cm2片（約4DS）
肩背帶組件b：原色植鞣牛皮1.2mm…約35×5cm2片（約4DS）
皮繩：圓皮繩4mm（原色）…85cm2條
麻線（深棕色）…適量

基本工具

美工刀、30cm方眼尺、塑膠板、錐子、銼刀、皮革背面處理劑、打磨棒、銀筆、強力膠、刮刀、橡膠板、木槌、針、手縫用蠟塊、剪線刀、木工用黏膠

其他工具

單孔菱斬（4mm）、四孔菱斬（4mm）、圓斬6mm、雙面膠帶3mm、皮邊染料、棉花棒、牙籤

※製作皮革小物的工具・材料在p.32～，基本工序在p.34～，安裝金屬零件的方法在p.46～有詳細的說明。

1. 製作紙型、裁切皮革

先將皮革粗裁，進行背面處理之後，按照紙型的形狀進行細裁。用圓斬打好所有的孔洞。製作肩背帶組件。

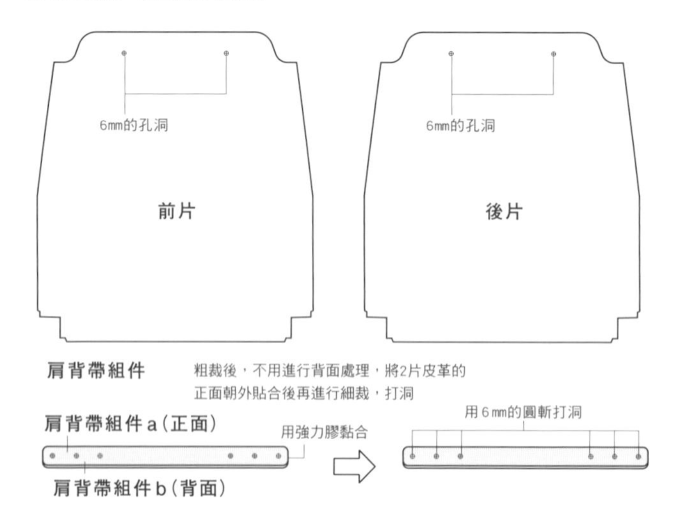

2. 染皮邊、打磨皮邊

將前片、後片的皮邊染色，打磨黏貼處以外的皮邊。

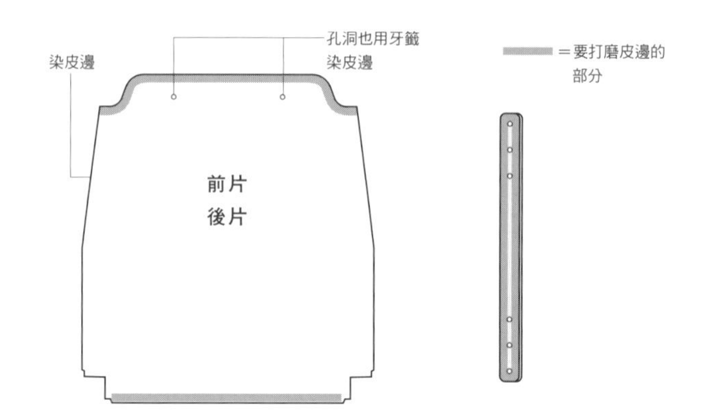

3. 做記號、劃線

按照紙型的標示，用錐子在前片（正面）和後片（正面）打點、劃線。前片（背面）用銀筆劃線。

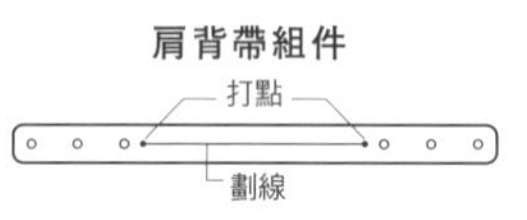

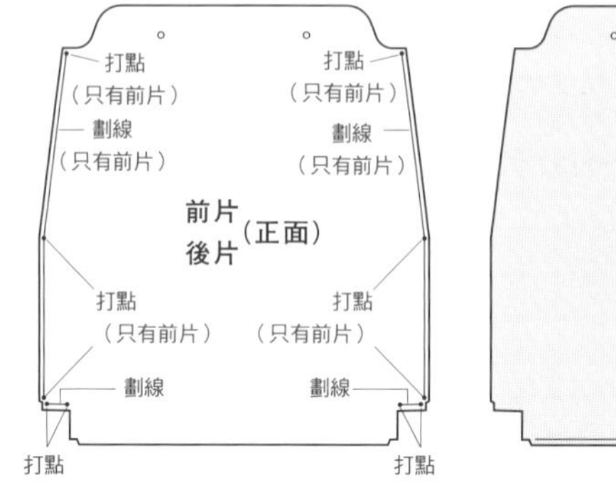

4. 縫合底部

將前片、後片的正面朝內對齊，底部以雙面膠帶貼合，然後打洞縫合。兩端都要縫1針回針縫。

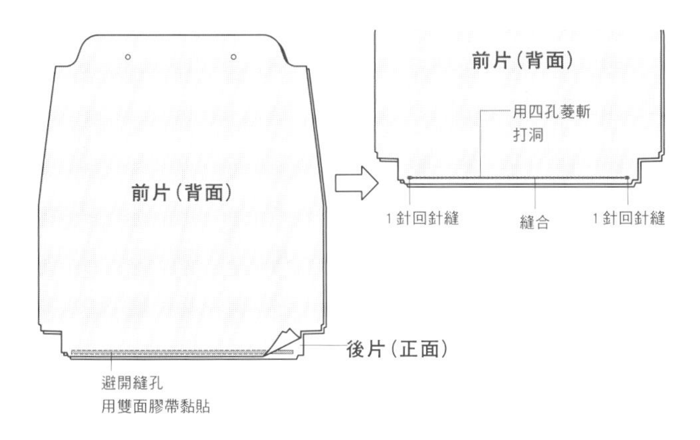

5. 在黏貼處塗強力膠

把側面和底部的黏貼處（背面）刮粗，全部塗上強力膠。

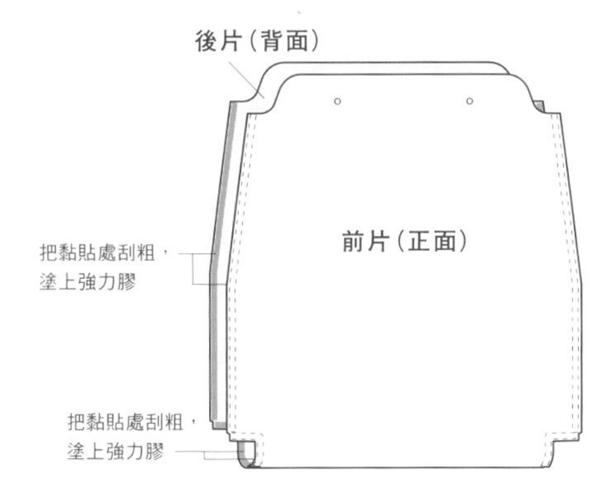

6. 縫合側面

注意不要沾到底部的強力膠，將前片、後片的正面朝外重疊，黏貼兩側，用四孔菱斬沿著事先以錐子劃好的線打洞，然後縫合。從上端起針，到下端要縫1針回針縫。

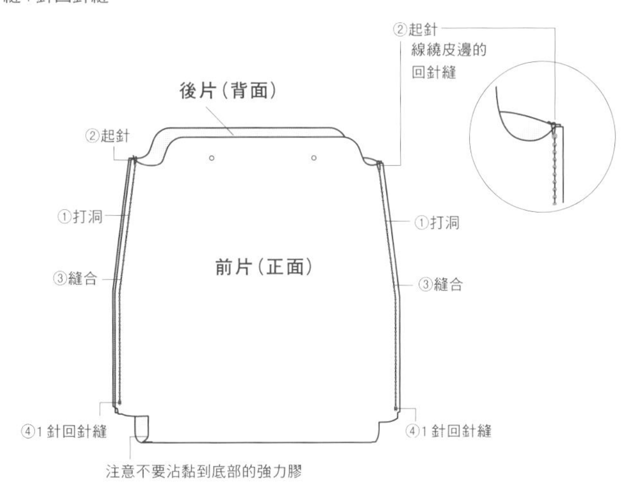

7. 縫合底部

對齊底部的黏貼處貼合，沿著用錐子劃好的線打洞，然後縫合。兩端都要縫1針回針縫。

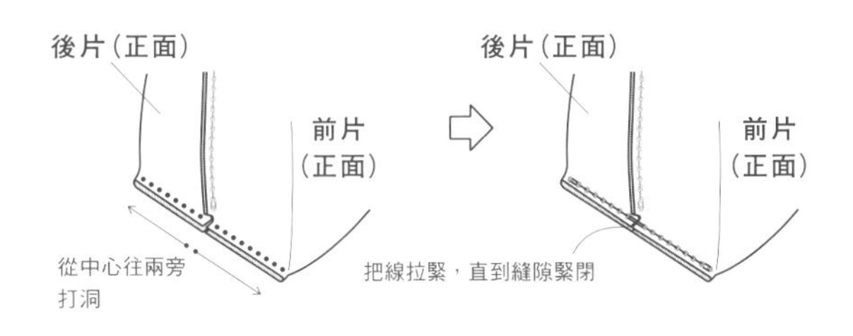

MEMO

縫孔雖然從中心往兩旁打洞，但縫合時要從邊端起針。

8. 打磨皮邊

縫好後一起打磨2片皮革的皮邊。

9. 製作肩背帶，穿過包體

製作肩背帶組件，將皮繩穿過包體袋口的孔洞後，在兩端打結。

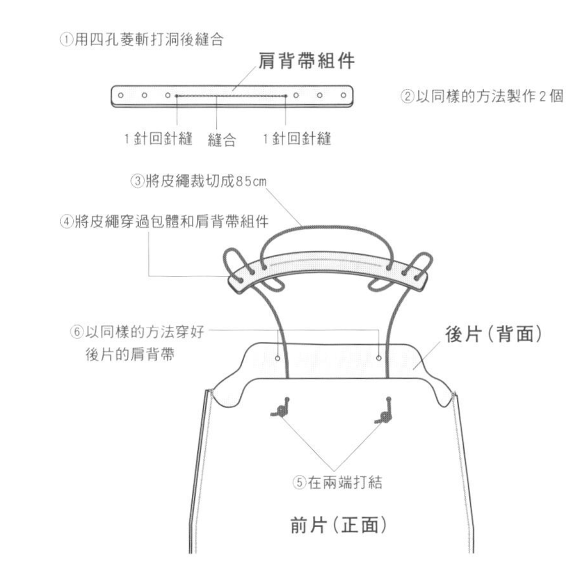

托特包、單肩包的肩背帶也可隨個人喜好調整長度。

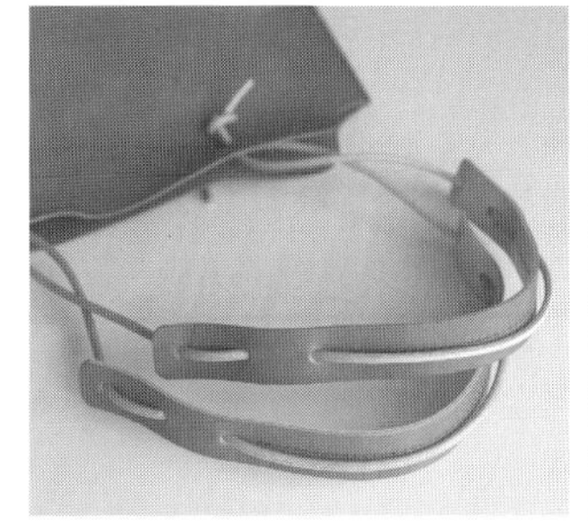

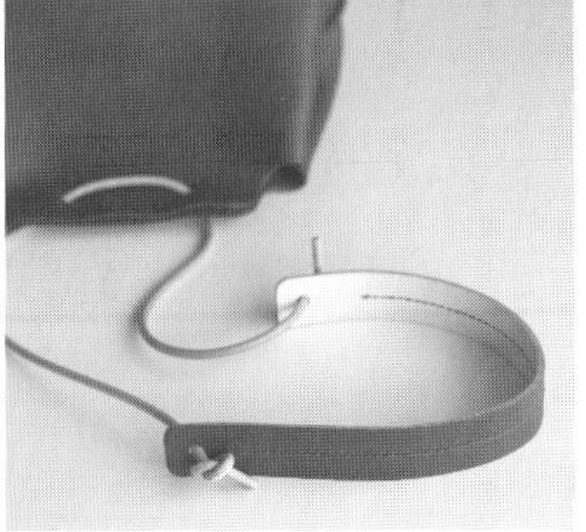

PROFILE

.URUKUST　土平 恭榮

13歲開始接觸皮革工藝。曾經在桑澤設計研究所學設計，之後在成衣廠擔任皮包設計師，2011年自創品牌「.URUKUST」。使用與日本製皮廠合作開發出的原創皮革，並利用皮革原有的韌性製作構造簡約且精良的皮件。此外，也在女子美術大學商業設計系擔任兼任講師，並規劃皮革教學教材、擔任皮革工藝教室的老師等，活躍於各層面。

www.urukust.com

【日文版工作人員】

書籍設計　串田美恵子（SALCO DESIGN）
攝影　白井由香里
造型　西森 萌
髮妝　KOMAKI
模特兒　安田イネス
作法・製圖　安藤能子
編輯　竹岡智代
責任編輯　曽我圭子

攝影協力

TITLES
渋谷区千駄ヶ谷3-60-5
オー・アール・ディ原宿ビル1F
tel:03-6434-0601

FLANGE plywood
http://flange-web.com/

素材・用具協力

.URUKUST　http://www.urukust.com

大戸糸店　http://www.ohtoito.com

SEIWA　http://www.seiwa-net.jp/

タカラ産業
東京都台東区浅草橋1丁目21番3号 タカラビル
tel: 03-3868-7878
http://www.takara-sangyo.com

Kファスナー
東京都台東区蔵前4-10-3
tel: 03-3861-8871
http://www.k-fasuna.server-shared.com

職人提案！**超質感皮革小物**

2018年7月1日初版第一刷發行

著　　者　.URUKUST
譯　　者　陳佩君
副 主 編　陳正芳
美術編輯　竇元玉
發 行 人　齋木祥行
發 行 所　台灣東販股份有限公司
＜地址＞台北市南京東路4段130號2F-1
＜電話＞(02)2577-8878
＜傳真＞(02)2577-8896
＜網址＞http://www.tohan.com.tw
郵撥帳號　1405049-4
法律顧問　蕭雄淋律師
總 經 銷　聯合發行股份有限公司
＜電話＞(02)2917-8022
香港總代理　萬里機構出版有限公司
＜電話＞2564-7511
＜傳真＞2565-5539

國家圖書館出版品預行編目資料

職人提案！超質感皮革小物 / .URUKUST 著；陳佩君譯. -- 初版.
-- 臺北市：臺灣東販, 2018.07
88面；21×25.7公分
ISBN 978-986-475-713-8 (平裝)

1.皮革 2.手工藝

426.65　　107008716

TENUI DE TSUKURU JYOUSHITSU NA KAWAKOMONO (NV70441)
KAWASEIHIN BRAND GA TEIANSURU SIMPLE NA KOUZOU NO 24 ITEM